U0127294

かんたん！部屋で野菜をつくる

馬上就能播種的居家自種蔬菜法

超簡單！無陽台室內小菜園

吉度日央里 著

葉亞璇 譯

來種菜吧！

沒有庭院和陽台也沒關係，
只要心動，現在就可以開始！

首先是定植

番茄移植進花盆後就能順利生長起來。

結出翠綠色果實

看起來就像一對互相依偎的小姊妹，好可愛～☆

番茄紅了

發現一顆紅通通的成熟番茄，太感動了！

栽種法詳見第 16 頁

外表惹人憐愛，酸甜滋味饒富魅力！

迷你小番茄

如果你喜歡酸酸甜甜、小巧可愛的小番茄，那麼一定能夠很享受小番茄在眼前日漸成長的快樂。

小番茄很好照顧，就算偶爾發生「糟了！忘記澆水就來上班啦！」的情形也不用太擔心，它最適合有點迷糊、時常忘東忘西的人栽種了。

小番茄與紅洋蔥的梅子醋沙拉

小番茄切半，紅洋蔥用熱水燙過後備用。把梅子醋、橄欖油、胡椒混勻後，就成了佐食用的梅醋醬。

室內小菜園，
現在就動手吧！

輕鬆種！可以從容器自動補給水分喔！

甜菜

（紅菜頭）

在日本，甜菜的嫩葉是超市生菜沙拉區的固定班底，小小的葉片富含有大量維生素和礦物質等營養。

甜菜的種法與一般青菜無異，栽種時先把土放進盆中，接著只要播種就大功告成。但這次我們挑戰的是「底部給水法」（鋪墊法），就是把盆栽放在裝了水的玻璃杯中，讓泥土透過不織布吸取水分。

當玻璃杯中的水不足時再換水即可，如此一來就算出遠門幾天也不成問題。

著手種甜菜！

首先是播種

在盆中裝好泥土後播種，然後再蓋上一點土。

長出兩片小葉片囉

大家精神抖擻地伸展雙臂。

咻咻咻地長起來了

小葉子在盆中自由伸展的情景，像不像一場即興現代舞？

栽種法詳見第 26 頁

甜菜嫩葉與炒菇沙拉

先把柳松菇和舞菇等菇類用麻油炒香，加入醬油把味道調得稍重些，然後拌入黑胡椒，完成後放到鋪有甜菜嫩葉的盤子，就可以上桌享用了。

洋菜果凍佐薄荷葉

將 2½ 杯蘋果汁和 4g 洋菜粉倒入鍋中，加熱到洋菜粉完全溶化後，倒入喜歡的容器中，同時把已蒸煮好的蘋果切丁（約 ¼ 個蘋果）也加入容器裡，等到降溫定型後，再以薄荷葉片做裝飾。

使用扦插法

準備一杯水，將薄荷枝葉放入杯中，小小薄荷園就開始囉！

落水生根

從薄荷的枝條長出新生的根，葉片也增加了。

栽種法詳見第 34 頁

放到盆中繼續種

將薄荷移入盆栽中。努力長大吧！

開始種蘿蔔嬰了！

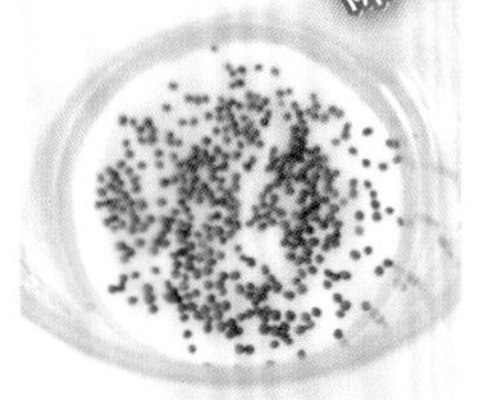

播種

把蘿蔔嬰種子散播在濕棉花上面，然後整個放進盒子中。

發芽

種子長出彎彎曲曲、具生命力的芽了。

生莖

彎彎的芽一轉眼長成直直的莖。

長高

等到莖長到約 10cm 高時，就可以拿去曬太陽了。

栽種法詳見第 36 頁

10 天就可收成的芽菜

蘿蔔嬰

微微嗆辣的爽脆口感是蘿蔔嬰最大的魅力，蘿蔔嬰是芽菜類中最不容易栽種失敗的一種，它含有豐富的維生素與礦物質。栽培時只要把種子撒在濕棉花上、置於暗處，蘿蔔嬰就會自行生長。當莖長到一定高度時就需要提供日照，不消兩天功夫，就能得到一整杯有著心型葉子的鮮綠。

用此方法種出來的芽菜，在日本稱為「蘿蔔嬰類芽菜」，未經日照處理就收成的芽菜則稱為「豆芽類芽菜」。

蘿蔔嬰涼拌豆腐佐泡菜

一塊嫩豆腐切成八等分，綴以適量蘿蔔嬰和泡菜後，淋上醬油即可享用。醬油要像西餐醬汁一樣淋得漂亮些。

忙裡偷閒首推！打造一個屋內舒壓小菜園

一早起來，就迫不及待直奔窗台，想看看3天前播下的甜菜種子長得怎麼樣了。

「發芽了！」泥土表面探出了好多小巧可愛的芽呢……。

「我回來啦！」一回家就發現，青椒比早上出門時又再大了一圈，而且連小番茄也變紅了！

這些生活中的驚喜，全都發生在小小的屋內菜園裡，不需要陽台、頂樓花園，更不需要庭院菜圃。也許你曾經有過種菜的念頭，卻因為缺乏合適的空間而作罷，要不是家裡沒有院子和陽台，再不然就是都拿來晒衣晒被了，哪還有栽種的空間？想要申請「市民菜園」，無奈人滿為患，再這樣下去，種菜的機會大概要等到天荒地老，到了這步田地，想來大家都選擇放棄了吧！

其實菜是可以種在屋子裡的。室內栽培當然要看種類，大部分植物還是要在充足的日照下生長才能結實累累，不過能種在屋內的果菜遠比想像中的多，這是我在屋內試種60種以上蔬果所得出的結論。我將在本書中分享自己嘗試60餘種室內栽培果菜的心得、以及栽種過程中實際拍攝的照片，推薦大家容易入門的品種，並說明照料這些蔬果的要訣。

雖然不可能光靠屋內種出來的果菜來過自給自足的生活，然而「自己種的菜果然好吃！」的喜悅本身就是最大的報酬。親手栽培果菜時接觸到的生命光輝更是種寶貴的經驗。看著植物在自己照料下日漸成長的感動，在無形中更能撫慰人心。

請大家開始跟我一起動手打造屋內菜園，找回在忙碌生活中被遺忘於某個角落的樸實珍寶！

二〇一一年二月吉日

吉度日央里

超簡單！無陽台室內小菜園 目錄

本書中的「栽培日曆」是在關東的南部地區栽種得到的紀錄。

PART2 屋裡開設菜園的重點

攝影／蔬果栽培：松澤亞希子、吉度日央里
內頁插畫：ツグヲ　ホン多
協助攝影：二瓶祥世
協助取材：木村秋則（自然栽培蘋果農）
中村訓（「光鄉城畑懷」創辦人）

PART 1

在屋內種出美味的蔬菜

期待番茄成熟與透紅的那一刻！

迷你小番茄

果實類

栽培容易度
★★★

科目：茄科

原產地
南美洲
（秘魯、厄瓜多）

苗 or 種子
從苗開始種

收成天數
50~70 天

種在陽光充足的窗口，少澆一點水

迷你番茄是家庭菜園的代表，就連新手都能輕鬆種起來。雖然種在室內不能結實累累，但結出來的果實卻紮實強健，還可以欣賞小番茄由綠轉紅的成熟過程。

迷你番茄來自土壤乾燥的地區，所以栽種要稍微控制水量，如此才能結出味道濃郁的果實。在它們的成長過程中，日照時間越長越好，盡量種在陽光充足、通風良好的窗邊吧！

一到秋天，日光角度就會改變，在陽光斜射入屋裡的秋日，正是迷你番茄結果的時節，秋天番茄比夏日番茄還要甜得多，吃了可別嚇一跳！

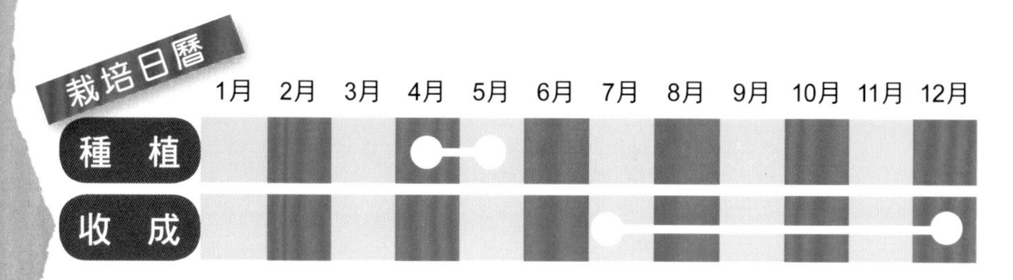

迷你番茄的培育法

1 定植、搭支架

把迷你番茄苗移到直徑 30cm 以上的盆栽中，定植後搭設 3 根高約 1.5m 的支柱，製造出三角錐的空間。澆水時用噴水器把土壤表面噴濕即可。若受室內空間的限制，可將支架高度降為 1m。

2 澆水

土壤表面乾燥時就要幫番茄澆水，做法和步驟 1 相同。迷你番茄性喜乾燥，看到葉片快要乾燥萎縮時再補充水分即可。

3 摘除側芽

番茄葉柄基部長出的側芽要動手摘除，好讓番茄直直往上生長。側芽生長過度會導致通風不良，一定要注意！

4 摘心

當番茄長到和搭起的支架一樣高時，要把頂芽摘掉來抑制番茄往上發展，這個步驟稱為「摘心」，未經摘心處理過的番茄會不斷長高，結出來的果實風味會較差。

5 收成

在屋內種出來的番茄會一粒粒變紅，看到迷你番茄成熟後，可隨時收成。

高糖度小番茄
（又名水果番茄）

hiwori 的栽培日誌

迷你番茄不太會被昆蟲侵害，生命力強，生長速度驚人，早知道當初應該把支架搭得再更高些才對。

小黃瓜

栽培容易度
★★★

科目：葫蘆科

原產地
印度、尼泊爾

苗 or 種子
從苗開始種

收成天數
50~60 天

從這樣的苗開始種

不要澆太多水，日照要充足

小黃瓜的葉片很有型，開出來的嬌黃花朵也很漂亮，種在室內會是很好的裝飾。仲夏現摘的小黃瓜最好吃了！

小黃瓜的原產地位於喜瑪拉雅山脈的錫金，生長時需要充足的水分，又偏好較乾燥的環境，種植時選擇日照良好的位置，注意不要澆太多水，否則小黃瓜可是會生病的喔！

要是情況允許，可以選用較大的花盆在陽台栽種，待苗株超過10公分後，就要開始在盆邊撒些大豆和氮肥（氮肥和大豆的交互作用請看第64頁）。

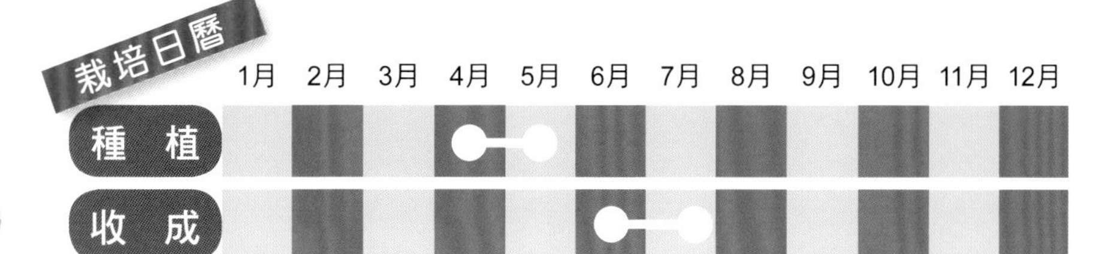

小黃瓜的培育法

1 定植、搭支架

選用直徑 30cm 以上的花盆移植小黃瓜苗，用 3 根長約 1.5~2m 的支柱搭出三角錐空間，用噴水器把培土表面噴濕。

2 澆水

培土表面乾燥時就要澆水，做法和步驟 1 相同。

3 摘花

小黃瓜的高度要是在超過 30cm 前就開花，要用手輕輕摘除，小黃瓜一旦開了花，苗株就會長不大。

4 防治白粉病

植株要是不小心染上白粉病，可將木醋液稀釋 1000 倍後，以噴水器噴灑在葉片上（請參考第 110 頁）。

5 收成

小黃瓜會以驚人的速度成長茁壯，小心不要摘晚了，不然會結出巨大小黃瓜的！

hiwori 的栽培日誌

我種的小黃瓜在客廳越長越大，為炎炎夏日增添了幾分視覺上的涼爽。結出來的小黃瓜一到晚上，大小就比上午看到時大上許多，成長速度真是奇快無比。

綠色小果實在眼前努力長大！

青椒

栽培容易度
★★★

科目：茄科

原產地
中南美洲的熱帶地區

苗 or 種子
從苗開始種

收成天數
50~60 天

適合種在溫暖的地方，小心蚜蟲攻擊

青椒生命力強，要是種在菜園裡，就算不去特別照料，它們也會自動結出一個又一個的果實；換到室內栽培時，果實數量雖然會減少，但還是能充分享受觀看青椒日漸長大的樂趣。

青椒原產於中南美的熱帶地區，最適合栽培的溫度約在25～27度之間，天冷時別忘了為青椒保暖。另外，定植也應該選擇溫暖的日子，把青椒擺放在屋內溫暖處。

青椒的花朵葉片很容易引來蚜蟲和粉蝨等昆蟲。注意不要澆太多水，要把青椒放在日照、通風良好的地方。

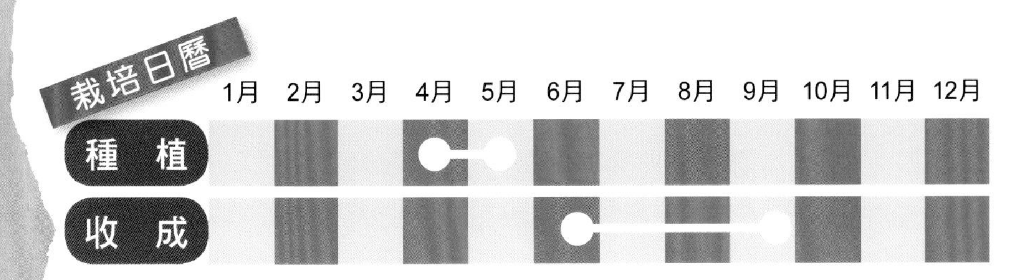

青椒的栽培法

1 定植、搭支架

選用直徑超過 25cm 的花盆，把青椒苗移入後，搭 1 根 70~80cm 左右高的支柱，用噴水器把土表噴濕。

2 澆水

土表乾燥時澆水，同步驟 1。

3 除蟲

青椒的葉片和花朵很容易引來蚜蟲（右圖）和粉蝨（左圖），量少時可以用水彩筆刷去，數量太多時則用噴水器噴水沖掉，可參考第 109 頁。

4 收成

當青椒長到適中的大小時，用剪刀就可以開始收成囉！

青椒可愛的小白花上爬滿蚜蟲的那一幕，真叫人吃不消，可是之後看到結出來的小巧果實，當下的感動就足以讓人把蚜蟲忘得一乾二淨。

黃色甜椒　紅色甜椒

鮮紅可愛、兼具觀賞價值

鷹爪辣椒

栽培容易度
★★★★

科目：茄科

原產地
墨西哥

苗 or 種子
從苗開始種

收成天數
70~80 天

從這樣的苗開始種

就算是新手都能輕鬆上手，除蟲要勤快

對第一次購苗栽培的新手來說，鷹爪辣椒是最佳的選擇，因為它生命力旺盛，種起來非常簡單。

當親手照顧的鷹爪辣椒結出豔紅果實時，整間屋子彷彿都亮了起來，看著看著連情緒也不由得高昂了。

種植鷹爪辣椒唯一的問題是蚜蟲和粉蝨的問題，不過換個角度想，跟昆蟲搏鬥不也是種樂趣嗎？話雖如此，其實夏天一到，蟲子就會消失得無影無蹤。

用細繩將收穫的鷹爪辣椒綁成束，掛起來風乾後，就可以拿來烹飪了。用親手種的鷹爪辣椒料理的辣味香蒜義大利麵和中菜，真的太美味了！

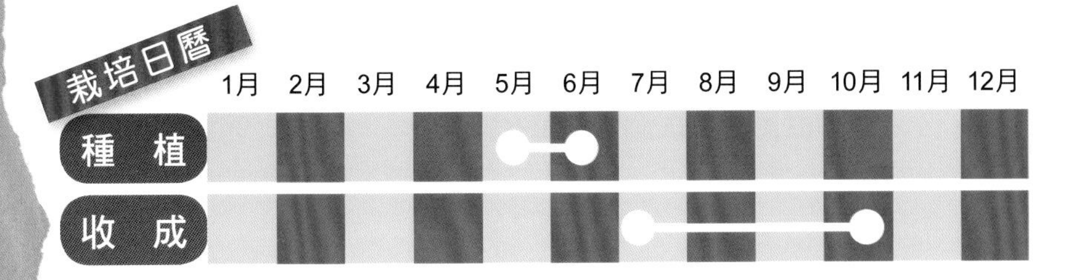

鷹爪辣椒的栽培法

1 定植、搭支架

選用直徑 25cm 以上的花盆，把苗移植進去後，立 1 根 70~80cm 高的支柱，最後用噴水器把土表噴濕即完成。

2 澆水

培土表面乾燥時就要澆水，做法同步驟 1。

3 除蟲

鷹爪辣椒的葉片與花朵有時會出現蚜蟲和粉蝨，數量不多時可以用水彩筆刷除，為數眾多時就用噴水器噴水沖掉。除蟲法請參考第 109 頁。

4 照顧

小白花出現後不久，就能發現直挺挺的小辣椒了，平常只要澆澆水，不需特別照顧，非常輕鬆愉快！

5 收成

基本上小辣椒變紅就可以收成，但也有人是等到辣椒全數成熟後再整株拔起。

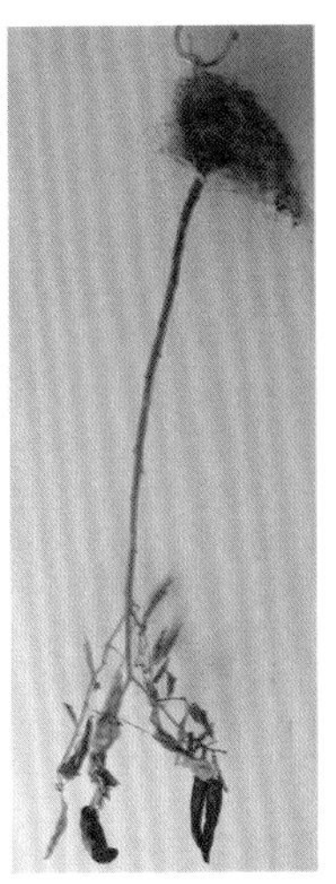

6 風乾

將連根拔起的植株用繩子倒掛在通風處，讓它自然風乾。

萬願寺辣椒

打從 5 月中開始，我的鷹爪辣椒上就有少許蚜蟲和粉蝨的蹤影，早晚除蟲的日子持續一陣子後，當天氣一熱時，突然間蟲子都不見了。紅通通的辣椒真的很漂亮，讓人越看越有精神。

收成柔軟鮮嫩的小葉子

小松菜
（嫩葉生菜）

栽培容易度 ★★★★
科目：十字花科
原產地 中國
苗 or 種子 從種子開始種
收成天數 20~30 天

冬天也能栽種

小松菜是一種營養價值非常高的蔬菜，鈣和β-胡蘿蔔素含量非常高，在日本通常是涼拌或炒過後食用，最近開始有人會把小松菜嫩葉拿來當生菜沙拉。

我把大約30粒的小松菜種子撒進4號盆中，不消一個月就能收成鮮嫩的小松菜葉了。其他青菜也可如法炮製，不過得留心蚜蟲出沒。

我家的小松菜出現蚜蟲的時間大約是在5月下旬，也許下次可以試著提早播種，趕在蚜蟲出現前收成，然後等到秋天再開始新一輪的栽培，好躲掉蟲禍。

小松菜較不畏寒，冬天也能健壯的生長呢。

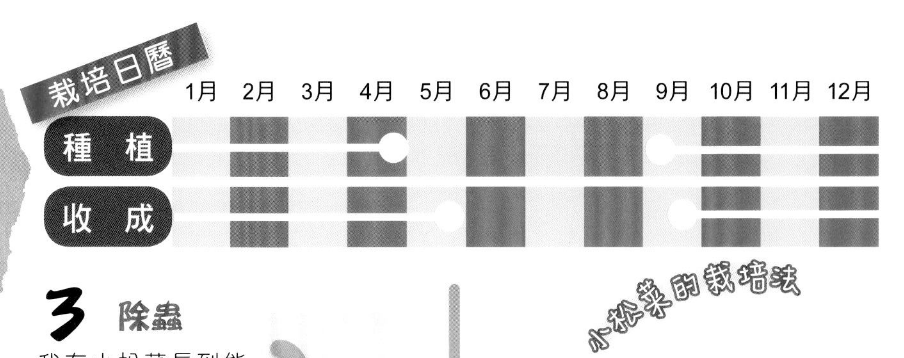

3 除蟲

我在小松菜長到能當嫩葉生菜的大小時就動手收成了（葉片大約 4~5cm）。種植小松菜時通常會以間拔（譯註：在栽培過程中，為了讓植株有充分成長空間，以人為方式去掉部分植株）的方式讓葉片充分長大，但種在小花盆中密集生長的小松菜，就算施以間拔，剩下來的植株也還是長不好。

小松菜的栽培法

1 播種

先把培土放進盆中，播種時記得每粒種子間要相距 1cm 左右，播種完後，整個盆面要再蓋上一層薄土，接著用噴水器噴濕。水千萬不要噴得過量，培土表面濕潤即可。

2 澆水

培土表面乾燥時，以步驟 1 的方式為小松菜澆水。

日本蕪菁（水菜）

hiwori 的栽培日誌

這次我在種小松菜的同時還種了其它數種青菜，大家在窗邊排排站的景象真是太可愛了，讓人看了好開心啊～。

青江菜

茼蒿

芥菜

小白菜

東京小白菜

塌菜

鮮紅與碧綠競相點綴餐桌

甜菜
（嫩葉生菜）

栽培容易度
★★★★★
科目：藜科
原產地 地中海沿岸
苗 or 種子 從種子開始種
收成天數 25~40 天

從這樣的種子開始種

盆栽下面擺放水杯，讓植物由下往上吸取需要的水分

近年來越來越常見的嫩葉生菜沙拉，指的是青菜的嫩葉、以及從青菜幼株採收下來的葉片，小小葉片的營養價值其實比長大後的葉片高，入菜的視覺效果又好，這樣的條件讓嫩葉廣受歡迎。

市售嫩葉生菜沙拉通常混合多種不同蔬菜的嫩葉，其中甜菜可說是最醒目的角色，又紅又挺的葉柄讓人留下深刻印象，這樣的小葉子繼續成長下去，就會結出我們所熟悉又大又紅的甜菜頭。

這次的栽培重點是：利用培土底部埋好的不織布，讓植物從花盆下方的水杯吸取必要的水分，栽培期間只要偶爾換換水就行了，很簡單吧！

栽培日曆

	1月	2月	3月	4月	5月	6月	7月	8月	9月	10月	11月	12月
種植												
收成												

甜菜的栽培法

1 準備培土和不織布

準備一個 3 號盆，先放入不織布（使用排水口專用的不織布網），用尖細物品（像是原子筆）壓不織布，讓它穿過中央的洞、往下延伸約 5cm，不織布要覆蓋整個花盆內圍，最後把土鋪在不織布上（方式請參考第 95 頁）。

2 把花盆放在水杯上

水杯中裝進約 3cm 高的水，把步驟 1 準備好的花盆放置在上方，讓不織布吸取杯中的水。水杯的尺寸最好是以放進花盆後、水面能與盆底保持一定距離者為佳（請參考第93頁）。

3 播種

在培土表面均勻撒上 20~25 顆甜菜種子，然後蓋上一層薄薄的土，用報紙等物蓋住花盆讓土壤保濕，直到種子發芽為止。

4 澆水

花盆下方的水杯沒有水時，要重新注入約 3cm 高的水，這裡要注意，因為土壤中的養分會溶進水中，所以在水杯乾掉前，不要任意更換杯中的水。

5 收成

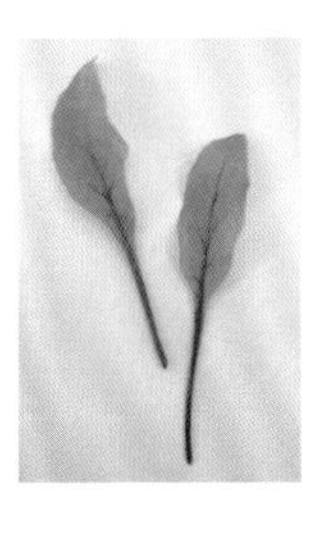

當葉片夠大後就可以開始逐片採收了。整盆採收後，過一陣子還是會長出新葉，所以收成後要用同樣方法繼續照顧甜菜根喔！

茼蓬菜

千寶菜

hiwori 的栽培日誌

栽培時要是花盆太小、土量過少，盆栽就會乾得很快，這樣就必須勤於照顧，不過要是採用這個方法，種起來就輕鬆多了，植株既沒有蟲害問題，又能長得好。

★這種栽培方法適用於第 24、25、28~33 頁的蔬果。

優美的綠讓整間屋子都亮起來

葉萵苣

栽培容易度
★★★★★

科目：菊科

原產地
中東～地中海沿岸

苗 or 種子
從苗開始種

收成天數
30~40 天

長得快、無蟲害，不需特別照顧的沙拉用生菜

葉萵苣是一種不會結成球形的萵苣，栽培時間短，它的外觀從顏色到造型風格各異，是種豐富有趣的葉菜。

萵苣適合長在涼爽的環境，葉萵苣雖然沒有結球萵苣那麼脆弱，但是對溫度的抵抗力還是很低，栽培時最好能在春天抽芽後馬上移入盆中，趕在氣溫回升前早種早收成。

葉萵苣最大的好處就是沒有除蟲問題！定植後需要做的就只有澆水而已。現摘的葉萵苣生菜沙拉實在可口到令人一口接一口、停都停不下來！

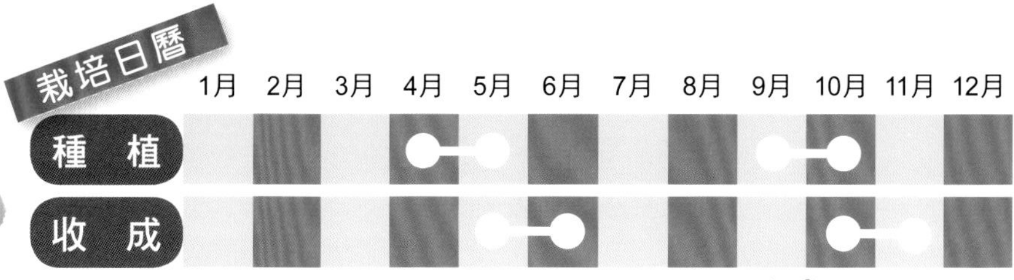

葉萵苣也可以用水耕法栽培，做法是把保特瓶裁下上半部，將上半部倒置於高的水杯中，用不織布捆捲葉萵苣根部，然後插入保特瓶的瓶口，以鋁箔紙包住下方水杯。栽培過程中要勤於換水，可以搭配使用植物性液肥。

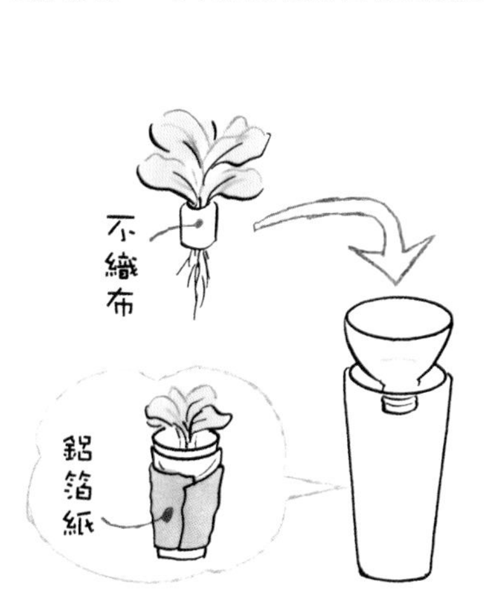

1 定植、搭支架

選用 5 號盆定植，用噴水器噴水讓表土濕潤即可。

2 澆水

土表乾燥時就要補充水分，方法同步驟 1。

3 收成

從較大的外側葉片開始逐一採收。

除了澆水什麼都不用做，成長快速且美味可口。葉萵苣真是一種好蔬菜，亮麗的綠色更能撫慰人心！

同樣方法還可以種的蔬菜

★芝麻菜有時會長蟲。

令人心曠神怡的清新顏色與香氣

紫蘇

栽培容易度 ★★★
科目：唇形科
原產地 喜馬拉雅、中國南部
苗 or 種子 兩者皆可
收成天數 種子：40~60 天 苗：30~50 天

不畏蟲病，簡單上手

紫蘇中的β-胡蘿蔔素含量位居蔬菜之冠，且有抗氧化與防癌的功效，不但能用來殺菌和防腐，對過敏症狀也能發揮很好的緩和功效。

種在室內的紫蘇不會長得太大，剛好適合當觀葉植物。紫蘇很少有病蟲害的問題，很推薦園藝新手嘗試。定植時從苗株或種子開始都可以，如果想看紫蘇幼苗抽出兩片新葉的可愛景象，就從種子開始著手吧！

另一方面，紫蘇苗較能在日照不足的環境生長，要是屋子採光較差，就從苗開始種比較保險。

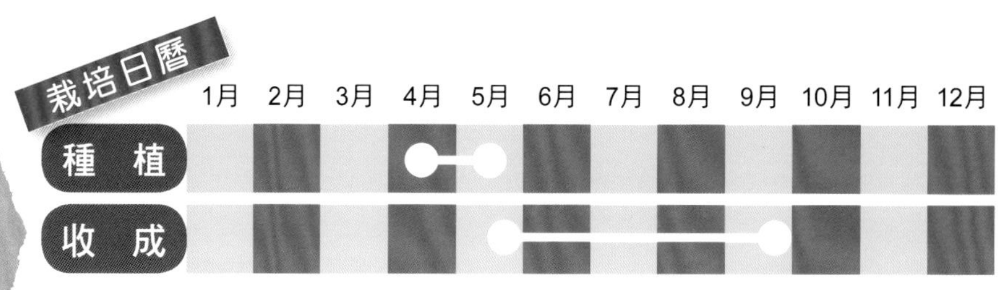

4 收成

從較大的葉片開始採收。

室內陽光不充足的房間最好能從苗開始種。

西洋芹

鴨兒芹

★鴨兒芹適合生長在陰暗處。

紫蘇的栽培法

1 播種

選用 4 號盆，在盆內 3 至 4 處播下 10 顆左右的紫蘇種子，覆上一層薄土，最後再用噴水器澆水。澆水時宜讓土表稍微濕一點。

2 澆水

培土表面乾燥時就必須為紫蘇澆水，做法同步驟 1。

3 間拔

當植株間的葉片出現下圖中的大小差距時，需為紫蘇間拔，只留下長得較好的 2 ～ 3 株，其餘都拔除。

我自己試了苗和種子兩種栽培，沒想到比以前種在屋外時長得還要好，種在屋外時就需要為紫蘇除蟲，種在室內就完全不必擔心了！

香草植物

信手拈來都是道地的義大利風味

羅勒

栽培容易度
★★★★★

科目：唇形科

原產地
印度、亞熱帶地區

苗 or 種子
兩者皆可

收成天數
種子：40~50 天
苗：30~40 天

從這樣的種子開始種

選擇日照充足的空間，小心別過於乾燥

羅勒獨特的香氣和番茄是絕配，不管是義大利麵還是披薩，通通少不了它。最近的研究發現，這種香氣的成分還有抗癌功效呢。

羅勒用花盆就能夠種得起來，通常是種在陽台上，不過移到室內栽培也完全沒問題。

羅勒的兩大栽培要點是日照和保濕，因為羅勒產自氣溫較高的地方，所以很要求充分的日照，而且它還很怕乾燥，栽種時要常檢查培土的濕度。

想從苗或種子開始種都可以，就算只有帶一片葉的枝條，把它插入水中後，不久就會生根，生了根再移入花盆也是另一種栽培法，換句話說，超市買回來的烹調用羅勒枝就可以栽種了。

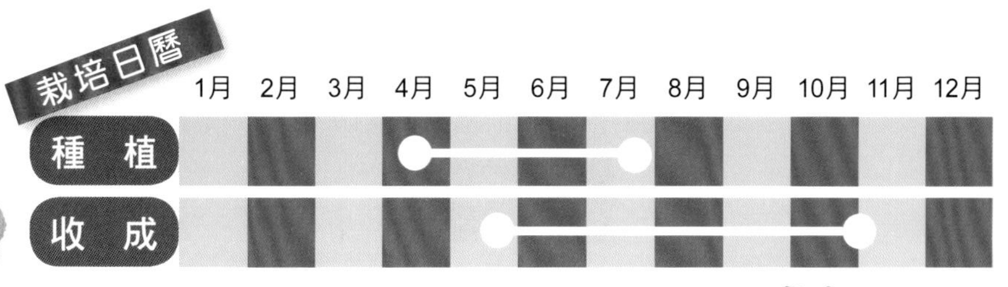

4 收成

當葉片夠大時，即可開始逐一採收了。

如果栽種環境日光不夠充足，最好能從苗開始種起。

沒有苗的話，可以到市場買烹飪用的羅勒，把它插在水裡，等枝條生了根就能當苗使用了。

羅勒的栽培法

1 播種

選用 4 號盆，在盆中 3 ～ 4 處播下共 10 顆左右的種子，表面覆蓋一層薄土，最後噴水時要稍微多噴一點水。

2 澆水

土壤表面乾燥時就需要澆水，方式同步驟 1。

3 間拔

植株長到一定大小後就要採用間拔，摘除掉較弱小的植株，只留下 2 ～ 3 株強健的羅勒。

我個人的經驗是，從苗開始種的羅勒最後會長得很高大，而從種子開始種的則是長得較健壯。種在屋外的話，它得時常要和昆蟲搏鬥，但種在室內就完全沒這個問題。

強韌的生命力讓人重振精神

薄荷

栽培容易度
★★★★★

科目：唇形科

原產地
歐洲

苗 or 種子
從一根枝條開始種

收成天數
20~30 天

把小枝條插進水裡，生根後就可定植了

薄荷旺盛的生命力傲視群草，是種強韌的香草植物，因此栽培時不需特意購買苗株或種子，只要取得一根薄荷枝條，就可以開始栽培了。

薄荷枝條插在水中後不久就會生根，接著就可以移植到盆中，枝條的大小沒有特別要求，就連買回家當蛋糕裝飾或泡花草茶用的薄荷，有剩下就能拿來種囉。

苗株移進花盆後，必須時常留意土壤濕度，通氣性差的土壤很容易引起銹病（一種植物病害），會讓葉片長出褐色斑點，這時就應該選擇通風良好的地方種植，勤於修剪枯萎的枝葉。

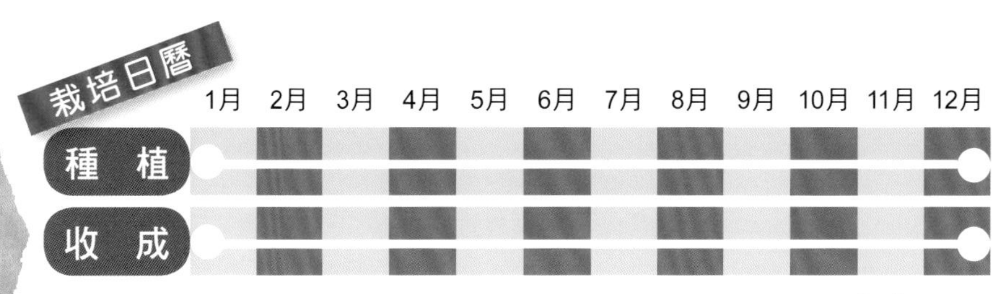

薄荷的栽培法

1 把枝條插在水中

把薄荷枝條插入裝了水的小玻璃杯中，暫時置於常溫下，接著只要偶爾換換水就行了！

2 生根

生根速度會隨季節而有所不同，快的時候只要一星期，天冷時耐心等待，不久後根就會長出來。

3 定植

當薄荷的根迅生長出來後，把植株移進 4 號或 5 號盆中，用噴水器噴稍多一點的水。

4 澆水

土壤表面乾燥時需要補充水分，方法同步驟 1。

5 收成

從較大的葉片開始逐片採收，全數收成後，用同樣方法繼續栽培並照料薄荷，不久後還是會長出新的葉片。

同樣方法還可以種的蔬菜

羅勒

本書的攝影師松澤亞希子小姐，她就是那位把雞尾酒上的薄荷葉帶回家、插進水裡生根與定植成功的開山始祖，我依樣畫葫蘆，結果非常的順利呢。

營養豐富、生長快速！

蘿蔔嬰

（蘿蔔嬰類芽菜）

芽菜類

栽培容易度 ★★★★
科目：十字花科
原產地 地中海沿岸
苗 or 種子 從種子開始種
收成天數 7~14 天

從這樣的種子開始種

一週就可以收成，換水要勤快

蘿蔔嬰含有豐富的維生素C、維生素K、鐵質、食物纖維、以及能增強免疫力的褪黑激素。它的辣味來自於一種叫異硫氰酸酯的成分，異硫氰酸酯能解毒與抗菌，它的抗氧化功效對抗癌也有所助益。

一般而言，蘿蔔嬰的採收時間在播種後一週，寒冬時只要放進箱子裡，將它置於溫暖處，也能在兩週後收成。

栽培蘿蔔嬰的注意事項是，如果不勤於換水，栽培水會很容易就發臭，甚至長黴或乾掉，這樣等於是把蘿蔔嬰推上絕路。除了換水要辛勤點之外，也沒有別的工作了，所以蘿蔔嬰種起來其實是輕鬆又簡單。

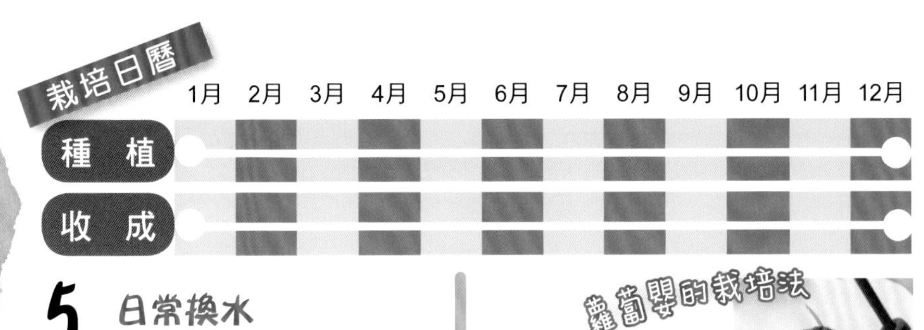

蘿蔔嬰的栽培法

1 準備培養基

準備一個高約 10cm 的容器，把棉花片剪成適當大小鋪在容器底部，然後用噴水器噴濕。

2 播種

用另個一容器放入種子，注入清水，把浮在水面的種子拿掉後將水瀝乾。篩選出來的種子盡可能均勻播在棉花上（小心不要上下重疊了），以噴水器噴水直到淹蓋過種子為止。

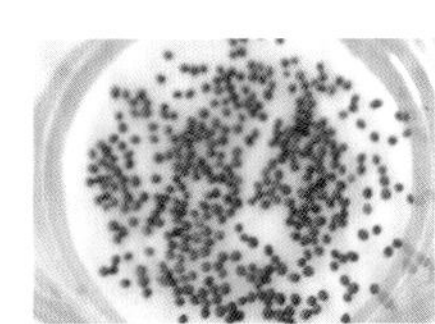

3 置於陰暗處

在蘿蔔嬰長到可收成的長度前，容器都要放在陰暗處，可以放在紙箱中或用紙袋罩住。

4 把水倒掉

播種後大概 3 天，蘿蔔嬰就會抽芽，等到種子發芽後，輕輕地將容器中多餘的水傾倒掉（發芽前就倒水會把種子都倒掉喔），此時隨水流出來的種子已經不會發芽了，所以可以丟掉沒關係。

5 日常換水

換水時，先從容器邊緣一口氣注入新鮮的水，使水面略高過種子，然後傾斜容器把多餘的水倒出。每日換水一次（夏季早晚各一次）。

6 發芽

接下來種子會一顆一顆開始發芽，此時步驟 5 的換水不能停下來。

7 隔窗日照

待蘿蔔嬰長到 10cm 時，把容器移到窗邊，但一定要避免日光直射、持續日常換水。

8 收成

當蘿蔔嬰的兩片小葉子徹底變綠時，就可以用剪刀把蘿蔔嬰剪下來吃了。

同樣方法還可以種的芽菜

芥菜類與紅苜蓿也可用同一個方法栽培。

茂密叢生的成長過程著實有趣！

苜蓿

（豆芽類芽菜）

栽培容易度
★★★★★

科目：豆科

原產地
中亞

苗 or 種子
從種子開始種

收成天數
7~10天

從這樣的種子開始種

口感爽脆，幫助消化

苜蓿芽是富含各種維生素和礦物質的芽菜，其中以維生素E、維生素K與葉酸的含量尤其豐富。苜蓿芽爽脆的口感來自內含的食物纖維，對通便整腸很有功效。

在栽培苜蓿芽這類豆芽菜時，不需使用棉花等培養基，只要把種子在容器裡浸泡一晚、每天換水就可以了，但要是換水稍有怠慢，苜蓿芽很快就會腐壞發臭，所以在種苜蓿芽的過程中，絕對不能偷懶健忘，只要過了換水這一關，就能迎接最後的大豐收！

苜蓿芽除了可以拿來做苜蓿芽沙拉，包進越南春捲裡頭也很好吃喔！

栽培日曆

	1月	2月	3月	4月	5月	6月	7月	8月	9月	10月	11月	12月
種植	●	●	●	●	●	●	●	●	●	●	●	●
收成	●	●	●	●	●	●	●	●	●	●	●	●

苜蓿的栽培法

1 播種

在大碗等容器裡裝進苜蓿芽種子和水，捨棄掉浮在水面的種子後，將多餘的水倒掉。栽培時要選用有一定高度的玻璃容器，讓種子彼此重疊，約 2 ～ 3 層的種子高度。

2 播種（第 2 階段）

苜蓿芽需要的水分大約是種子的 2 倍高，瓶口蓋上紗布，用橡皮圈固定。

3 置於陰暗處

把步驟 2 中準備好的栽培容器放在陰暗處一晚，可以放入紙箱或用紙袋罩住。

4 把水倒掉

放一晚後，隔天要把多餘的水倒掉，倒水時不用掀開紗布。

5 日常換水

換水時從容器邊緣注入新鮮的水，直到水面稍微淹過種子，接著傾斜容器把水倒掉，過程中被水沾濕的紗布要扭乾後再蓋回去，這個過程每天一次（夏季則早晚各一次）。

6 發芽

小小的種子輕輕伸出芽囉，別忘了繼續換水的步驟，換水時流出來的種皮要清除掉。

7 收成

當苜蓿芽長滿玻璃容器時就可以收成了，食用前一定要清洗，盡量把種皮洗掉再吃。

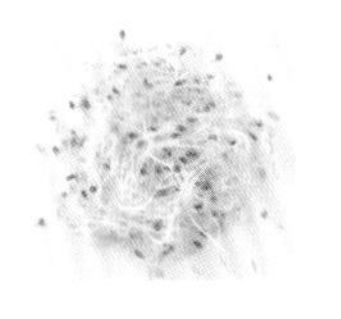

hiwori 的栽培日誌

在一開始栽培時，我根本沒想到它會長這麼多，也許當初種子的量可以減半，不過這樣種出來的苜蓿芽密度很高，輕輕一捏就收成一大批，充分享受了苜蓿特有的爽脆感。

豆芽

★綠豆芽和大豆芽也可以用相同的方式栽培

用切下來的蔬菜來栽種

紅蘿蔔

切下來的紅蘿蔔頭栽培方式和白蘿蔔頭相同，浸在水中就會長出葉子來。其實紅蘿蔔的葉片很營養，它含的維生素A與鈣質等營養素都比根部還多。葉片切碎後以少量的油炒過，就可以加進味噌湯裡，也可以用醬油調味後撒在白飯上。

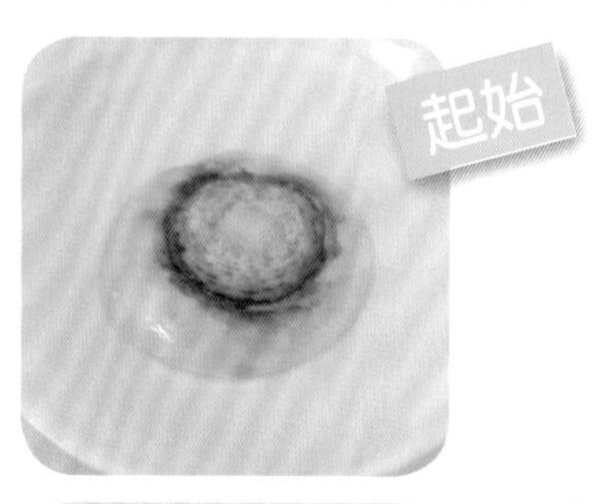

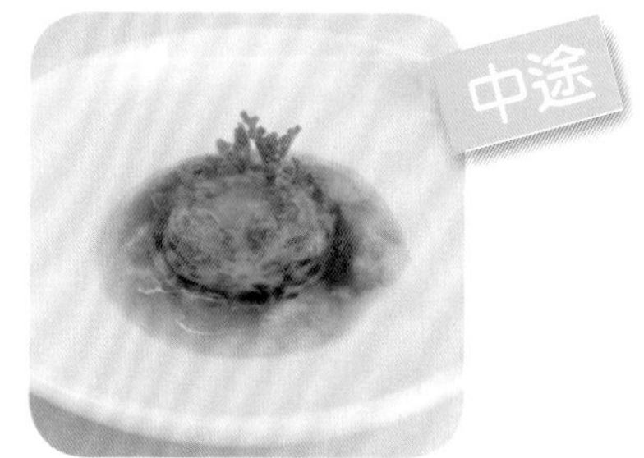

白蘿蔔

把切下來的白蘿蔔頭放進水裡，每天清洗並更換新鮮的水，雖然整個過程要做的只有換水，但是不能偷懶，否則要是在夏天，蘿蔔頭可能會變得滑滑的喔！蘿蔔葉中的維生素C和維生素A含量比根部還豐富。收成的白蘿蔔葉可以切碎後點綴於味噌湯中或拿來炒飯。

做菜時免不了會丟掉一些蔬果出芽或生根的部位，下次不妨試試把它們浸水或埋在土中種種看，也許能讓這些蔬菜起死回生呢！

蔥

做法和大蔥相同，切下帶有一段莖的根部，種在土裡，以噴水器保持土壤濕潤。家裡若有一盆蔥，做菜時就可以拿來應急，非常方便！

大蔥

切除根部時稍微多留一點莖，切下的根莖種在裝好土的盆中，用噴水器噴濕土表即可。土壤乾燥時再用同樣的方法為大蔥澆水。大蔥長大後就可以收成，適合用來和味噌湯、納豆或豆腐一起享用。

★兩種蔥長到「中途」的階段都是 5 ～ 10 天左右，收成則是在第 11 ～ 15 天（依季節不同而有差距）。

聽聽「室內菜園」愛好者怎麼說

一起分享室內栽培愛好者與蔬果間
令人雀躍的體驗吧

切掉不要的蔬菜，拿來種種看——感受生命力的驚奇

伊藤正幸（Ito Seiko）

「我耕耘的室內菜園是所謂的『超級園藝』……」

什麼？超級園藝？雖然不太懂，可是聽起來好厲害喔。

身為作家與企畫的 Ito Seiko 自稱是「陽台人」，他在自家陽台栽培的植物高達 60種之多，是個出版過園藝書籍的園藝愛好者。

「超級園藝乍聽下可能會覺得：哇！好厲害，一定是什麼了不起的園藝手法吧！不過這個名詞背後的真相是：活用超市降價出清的蔬果的栽培法；就是這樣而已噢！像是有點壞掉的紅蘿蔔、軟掉的白蘿蔔、黑掉的芋頭之類的，拿來水耕的話，其實都能長得很好喔。」

「我們平常把白蘿蔔買回家後，不是都會把蘿蔔頭切下來丟掉嗎？我覺得這樣實在太可惜了，所以我就把它拿來浸在水裡，一路照顧到開出一朵朵蘿蔔花為止，整個過程不過半個月，光是白蘿蔔頭就開了好幾朵花，葉子和根還從容器裡頭蔓延出來呢！」

原來「超級園藝」指的是從超級市場買來的園藝啊！而且竟然能從白蘿蔔頭種出葉片，甚至還開花，真令人佩服。我自己也挑戰過種白蘿蔔頭，沒想到原先白色的部分竟然黑掉，離開花長葉遠得很。

「我想可能跟季節有關係吧！15年以上的園藝經驗告訴我：家家有本難念的園藝經。換句話說，栽種植物的成敗也和『房屋』有關；就拿陽台來說好了，從陽台的方位、日照的角度、冷氣機的位置，甚至是房屋的建材等，都對植物的栽培有一定的影響。」

「在室內栽培也一樣，植物放在房子的不同角落，就可能會有全然不同的發展，像這樣的環

伊藤正幸（Ito Seiko）　1961年生，身兼作家與企畫，活躍於出版、影像、舞台、音樂、媒體等，著有《no-life-King》、《自我流園藝陽台派》等，以及集結植物觀察日記網誌的《Botanical Life》。2011年2月以團體Kuchiroro的身分發表新專輯「CD」。他從1994年就開始在家中陽台種植物，現已達60多種。
官方網站 :www.cubeinc.co.jp/ito

境影響，實在太微妙複雜，只能說筆墨難以形容啊。」

雖然環境的變因難以控制，Ito Seiko 還是推薦大家不要怕把植物種壞，請務必試試他的「超級園藝法」。

「種了後，你就會發現植物絕對不是人為能夠控制的，我覺得見證這類的自然力量是件好事，學習面對植物腐壞與死亡的情況當然也包含在內。」

Ito Seiko 認為，從苗株或種子開始栽培前，「超級園藝」可以作為新手的暖身階段。之前 Ito Seiko 曾遇過平時就不去園藝店的高中女生，Ito Seiko 再怎麼和她們聊苗株、聊園藝，即使說得口沫橫飛都無法讓她們感興趣，於是他拿出「超級園藝」的照片給她們看並說到：「超市就找得到的紅蘿蔔或馬鈴薯，澆個幾天水就能長成這樣。」沒想到她們的反應馬上變成：「真的嗎？那我試試看！」

「起初我只是一時興起，把切下來的蔬菜拿來種一種，沒想到越種越著迷，所以我就開始嘗試栽種各式各樣的種子。」

正所謂「結束就是全新的開始」！

Ito Seiko 說，跟植物相處的過程，讓他了解到光合作用是多麼不可思議的反應、農業又是多麼科技化的產業。植物會生根就表示植株擁有極為大量的養分。

「最重要的是，體驗生命的驚奇，這樣就對了！至於接下來的變化，我想是無法預料的吧！」

他的一席話，讓人覺得「超級園藝」真是超級棒的！

和家中成長的生物來場神祕體驗

水野美紀

最近有許多藝人把心愛的寵物帶上螢光幕亮相，不過水野美紀這位女演員，似乎有著與眾不同的嗜好。

「像是放太久的洋蔥，我就會拿來泡在水裡種種看。睡前放到水裡，早上起來就已經長出差不多5公分的芽了！這種事真的很讓人開心吧？」

據說她種的蒜頭長出來的芽還一度長達30公分。

「在家栽種植物的感覺很不可思議，我明明是一個人住，也沒養寵物，卻覺得自己是和生物共同生活在一起。」

水野小姐至今種過不少成長快速、能看著它一天一天長大的植物，像是白蘿蔔和菠菜，她說親手拉拔大的蘿蔔好不容易收成，就覺得一定要從頭到尾吃得乾乾淨淨才行。

「吃自己種的東西，感覺就像在吃高級食材。從市場買回來的蔬菜不也是人家悉心照料到大的嗎？我覺得栽培提醒了我一些日漸淡忘、卻很基本的小事，讓我重新拾回尊敬與感謝的心。想想看，光靠土壤、陽光和水這3大元素，竟然就能種出這麼多種大大小小的葉片、根、以及形形色色的果實，真是太令人驚奇了。我在想，要是吃這些蔬菜時能感受大自然的神祕，肯定能讓蔬菜的美味提升到最高點。」

她的下一個目標是重新挑戰過去失敗的燈籠辣椒（Habanero Chili），看來她的神祕栽培體驗今後仍會持續下去！

水野美紀（Mizuno Miki） 1974年生，以演員身分活躍於舞台、電影、電視劇等演出，著有多本書籍，自創皮包品牌「THIRD FACTORY」。2007年與作家楠野一郎共組劇團「螺旋槳犬」。電視劇代表作有《大搜查線》、《愛當女主播》、《全面通緝》，電影作品有《大搜查線 THE MOVIE》、《戀人狙擊手》、《還記得那片天空》、《運動服二人組》等，參與過演出的舞台劇有《The Coast of Utopia》、《開放弦》、《Away In The Life》等，活動領域廣泛。官方網站：http://www.mikimizuno.com/

柳生真吾

認真照顧的芽菜給我的「生命教育課」

說到栽培，園藝家柳生真吾首推芽菜類。

「我希望讀者可以試試跟家裡的小朋友一起種芽菜！芽菜的成長速度快得驚人，一轉眼就長高了，每天看它這樣長，是不是對『生命』特別有感觸？最後要吃掉它的時候，小朋友能感受到吃下的是一個個得來不易的生命。」

柳生先生的兒子上小學時和他一起種過芽菜，當大家吃到兒子種出來的那些芽菜時，兒子不停地問：「怎麼樣？好吃嗎？」兒子可是一直追問到柳生先生說好吃才肯罷休。

他認為這次的經驗能讓兒子體會母親平日為家人做菜的心情，更是讓兒子學習思考「農家立場」的第一步。

芽菜類是一種水不夠新鮮就很容易發臭的蔬菜。柳生先生說：「偷懶一天不換水，馬上就會臭掉，要不就是發霉不能吃。其實芽菜類就是這點最值得推薦，因為只要細心耕耘，它都一定會有回應，相對地，一個不小心它就會死掉。不小心把植物種死，心裡會很難過，覺得『是我把它害死的』，這樣的歉疚也是需要練習面對的。」

柳生先生認為，人們總是在生命誕生與消逝的時刻，才會想起生命的重要，而把活著視為理所當然的事。在這樣的日常生活中，能提醒我們珍視自己所擁有的一切的，就只有寵物和園藝了。

「我覺得不小心種死植物、害死寵物而流淚的傷心經驗是重要的，因為正是這種自省與面對能讓我們成長。」

芽菜的「生命教育課」，每個人都該經驗過一次！

柳生真吾（Yagyu Singo） 1968 年生，職業是園藝家。小學時與父親柳生博共同管理的林地已對外開放，全家合力經營「八岳俱樂部」，現為「八岳俱樂部」老闆。除了在電視與廣播節目登場外，也在日本各地演講。現階段致力推行「小蒼蘭 in 小學」活動，呵護小蒼蘭球根與學童的夢想。他的著作很多，以《柳生真吾的輕鬆園藝》、《柳生真吾園藝的第一步》為代表。「八岳俱樂部」官方網站：http://www.yatsugatake-club.com/

母親栽種植物的愉快身影，是我美好的回憶

小畑亮吾

「直到最近我才聽家中長輩提起，在我剛滿3歲時，我和哥哥一起領到人生的第一筆零用錢，結果我竟然用這筆錢買了一個澆花壺。」

「goomi」樂團在日本非主流流行音樂界位居翹楚，小畑亮吾身為該樂團的主唱、小提琴兼吉他手，他在愛好園藝的媽媽悉心呵護下，奠定了性格基礎，他在幼稚園時就開始負責幫園裡的植物澆水，上小學後會固定在週末照顧植物。

「記憶中家裡總是擺著一排香草盆栽，我很習慣這樣的生活，一個人搬出去住之後，房子裡一下子少了綠色植物，心裡總覺得不舒服。」

於是小畑先生開始在家裡種起自己喜歡的迷迭香。他說迷迭香能促進血液循環、增強記憶力、提升注意力，他的母親早年移居美國與法國等地時，很快就迷上香草植物，最後連身為兒子的小畑先生也一起變成香草通。

「歐洲自古有『種迷迭香的人家沒有病人』的說法，我很喜歡在精神不好的早上，嗅嗅迷迭香的氣味，這樣很能提神醒腦呢！」

小畑先生現在栽種的有百里香、芫荽、香蜂草及洋香菜。在他上傳到「goomi」部落格的自製便當照片中，都能發現他親手栽種的洋香菜蹤跡。

「母親栽培植物的愉快身影是我美好的記憶之一。」

他的這一席話讓我有很深的感觸：如此的家庭教育正是這個年代最欠缺的。

小畑先生自製的便當。

小畑亮吾（Kobata Ryougo） 1982年在法國出生，身兼「goomi」樂團的小提琴、吉他手、主唱與作詞，從千葉起家，以東京為主，活躍於日本各地。2009年發表專輯「三隻眼」，曾在2010年舉辦國外巡迴演唱，舞台活動廣泛，他還在「有機音樂」界備受肯定的「Dawn-People」樂團中擔任小提琴手。小畑亮吾喜歡以香料與茶佐菜，過著對音樂與對食物都能有所堅持的生活。goomi官方網站：http://www.goomi.jp

代代相傳的終極室內栽培
香川貞子、香川展子

裁縫工作室「haha」的創辦人香川貞子今年75歲了，不論工作還是做家事，她都喜歡發揮創意，而且擅長把創意化為時尚。

某天，她女兒香川展子寄來一張照片，照片裡是一片紅蘿蔔葉「森林」，那是一個切掉不吃的蔬菜所聚集而成的樂園……，從一個托盤展開的小小世界洋溢著充沛的生命力。

貞子女士想：「托盤上的蔬菜還真是欣欣向榮啊，可以種一些放在家裡，以備不時之需，要是哪天煮味噌湯的配料不夠的話，就可以馬上切下來用了吧！」據說這是從貞子女士的母親傳承下來的方法。

紅蘿蔔葉「森林」…。攝影／香川

展子女士說：「國中時，媽媽教我在切掉蔥根時要稍微留長一點，因為切下來的根拿去種在土裡的話，還是會長出新葉子。」

這種親傳子、子傳孫的生活智慧在過去雖然普遍，但在今日社會卻很罕見。

黃豆芽也是貞子女士擅長的室內栽培之一。貞子女士說：「你看它這麼小，卻也是個生命，看著看著就覺得自己真該好好努力。」

展子女士接著說：「還有，我不知道這樣算不算栽培，我們家買回來的菜通常都不進冰箱，而是浸在水裡養著，讓蔬菜長點葉子、開開花，盡量在它活得健康的狀態下食用。這樣看了也賞心悅目。」

這正是如假包換的室內栽培啊！這個方法無論何時、何地、不管是誰，都可以馬上動手嘗試，真是太棒了。

香川貞子（Kagawa Sadako） 1936年生，創辦裁縫工作室「haha」，主要作品有包包與廚房配件等，以風格柔和與實用兼具的特色廣獲好評。

香川展子（Kagawa Nobuko） 1968年生，藝術作品店「Raphael art studio」店長。2002年和哥哥合力創辦「Raphael art studio」，以獨特手法從事藝術創作，同時還經營「Raphael art school」。2009年在新宿曙橋開設工作室「studio 10.4」。「Raphael art studio」官方網站：http://www.raphael-art-studio.net/

我的室內蔬菜 啊，失敗了

在編寫本書的過程中，並非所有蔬菜都能順利成長、開花結果，然後供我們拍攝美麗的照片。

在此列舉幾個失敗的案例讓讀者參考，只要改變環境、栽培時期、種子或苗株、土壤等條件，也許就能迎接美好的結局。所以在面對栽培失敗的蔬菜時，不必急著下結論，一次失敗並不代表這種植物在室內種不起來，等累積更多經驗後，再接再厲吧！

A. 白蘿蔔　我是在春天播種，攝影師則分別在春秋兩季各試一次，結果都只長出彎彎曲曲的根，沒有膨脹變成白蘿蔔，就連迷你白蘿蔔也一樣。

B. 迷你紅蘿蔔　迷你紅蘿蔔葉子迅速生長，可是根部沒有跟著長大。

C. 茄子　我家茄子開出漂亮的花，也結了果，但是因為植株很小，所以每株只生一個，而且始終小小的長不大。

D. 菜豆　菜豆的花非常惹人憐愛……，不幸的是，我種的菜豆葉片生病，整株只長出兩個細細的豆莢。四季豆也是同樣的下場。

E. 毛豆　我種出來的毛豆莖彎彎曲曲長不直，長出來的毛豆也不夠飽滿。

F. 青花菜芽　青花菜芽的發芽與生長情形參差不齊，沒能長成像蘿蔔嬰那樣強健的芽菜。攝影師受我所託，在自家廚房用廚房紙巾試種的結果是徹底失敗。

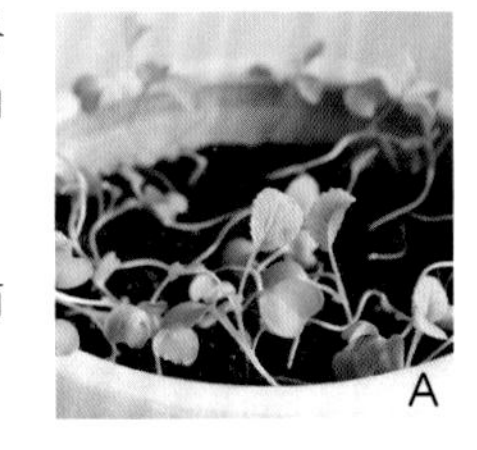
A

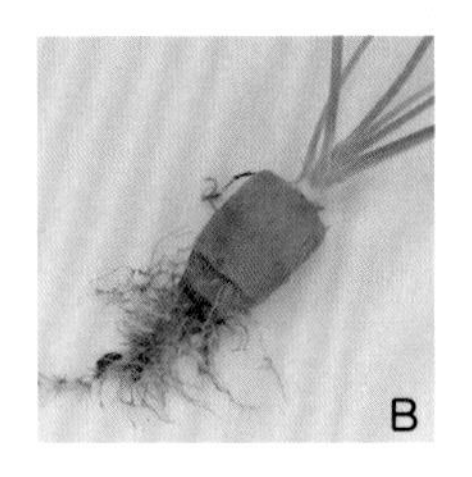
B

C

F

E

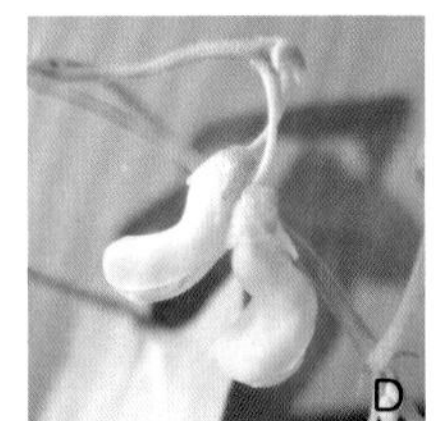
D

PART2

屋裡開設菜園的重點

基礎知識與準備篇

基礎知識と準備編

蔬果應該種在哪裡？

「來種菜吧！」當有了這樣的念頭後，許多人的第一反應就是去逛園藝店。「啊！這個好像不錯，來種種看好了。」常常會像這樣地在店裡隨興挑選，於是便缺乏計畫地購回一些苗株和種子。當這種事情發生時，請大家冷靜先想想：你家真的有適合種這種植物的環境嗎？

若想栽培成功，在選擇植物種類前，必須衡量自家房屋的採光、通風情形與環境的溫濕度，找出家中最適合栽種植物的空間，接著才依照該處環境選擇適合的蔬果，如此一來，栽培成功率會大幅升高喔！

溫度

冬天移到溫暖的場所
夏天注意維持涼爽

在室外種菜時，植物於低溫下不易發芽，成長緩慢甚至停滯，而種在室內時，託室內暖氣的福，溫度不會降到像屋外那麼低，植物往往能活得比種子包裝說明上的時間還要長，像甜菜嫩葉與芽菜類植物，只要盡量放置在溫暖處，一整年都可以種。

室內栽培的問題是在夏季。當外出關掉冷氣時，屋內溫度上升，使得土壤中的水分快速蒸發，脫水的植物葉片會像被烈日烘烤過一樣，變得乾巴巴的……。

種在屋子裡的菜再怎麼需要通風，外出時也不便門戶洞開，所以夏天出門前，記得把植物從日照強烈的地方挪開，如此才能避免慘劇發生。

當在家時，要是室內溫度實在太高，就把植物移到冷氣房裡納納涼吧！

果實類蔬菜喜歡日照
葉菜類蔬果則可以少照一點太陽

有人住的是套房，有人住的是有 2 房以上的房屋，每一家的窗戶方位都不同，居家環境千變萬化，然而基本的決定性條件是：日照好的窗戶旁，有沒有地方可以放置盆栽。最理想的窗戶是面南的窗，不過在東面和西面窗口種菜也是綽綽有餘了。

要是狹窄的小窗台只有上午才照得到太陽，那麼甜菜嫩葉在這種環境下還是能長得很好。

家裡要是有凸窗就太完美了，至於落地窗邊則適合種植小番茄、小黃瓜等會長高的植物。家中走道邊或樓梯旁的採光小窗口如果放得下花盆，就能加以利用，種些嫩葉類或香草植物。

小番茄、小黃瓜、茄子等果實類蔬果要是種在 1 天日照時間不到 4 小時的位置，最後有可能會無法收成。相反地，從苗株開始種起的沙拉葉菜和香草植物，以及從種子開始種的甜菜嫩葉和小松菜等葉菜類植物，則比較不受影響。另一方面，有的植物比較喜歡長在陰涼處，如鴨兒芹。

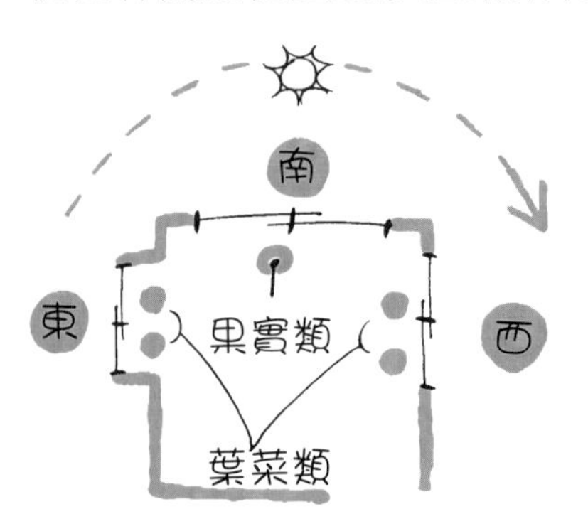

果實類蔬果放在陽光充足的南面，葉菜、香草類的蔬果放在東、西兩面就對了。

活用電扇！莖的粗細取決於通風程度

通風是室內與室外栽培決定性的差異，南、北兩面都有窗戶的房子通風最好，但這種格局在套房與公寓很少見，室內栽培要克服通風的方法是，在家時盡量把所有窗戶打開，讓風能吹進屋內。

中村訓先生經營的「光鄉城畑懷」是原生種植物種子與苗株的專賣店，據中村先生所述，在通風不良處長出來的植物容易捲曲，莖也長不粗。

當受限於家中格局、屋內通風不好的情況下，想要種出健康結實的植物，就得動用電扇。若每天能讓植物吹 2 小時電扇，那麼長出來的枝葉就完全不一樣，不過這個方法大家可能覺得「浪費電」或「不環保」吧，那就自己吹電扇時把花盆移到身邊，一起涼快一下如何？

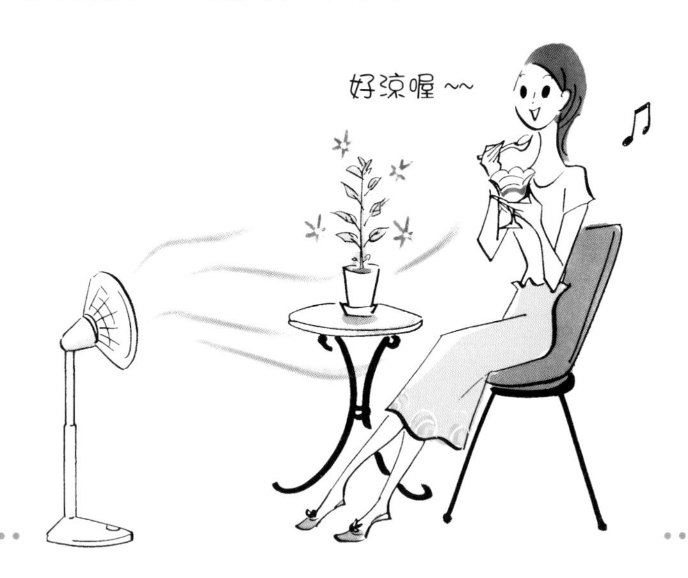

了解原產地資訊
更能掌握適合植物生長的環境

小番茄產於雨量少的地區，性喜乾燥，所以在濕度較低的房間裡種出來的小番茄，嚐起來的味道會比種在溫暖房裡的小番茄甜，味道也較濃郁，這就是為何小番茄在乾冷冬天比悶濕夏日來得甜的原因。

另一個例子是羅勒。羅勒來自高溫多濕的地區，類似的生長環境能讓羅勒的莖和葉快速成長。

只要查明植物原產地的氣候環境，就能知道各植物的生長需求。生長環境盡可能貼近原產地條件，是最理想的栽培法。

還有苜蓿芽，它在生長過程是不需太多水分，要是種在太乾燥的地方，會使栽培水一下子就乾掉，讓栽培容易失敗。

一般而言，房屋 1 樓的溼氣比 2 樓重，選擇蔬菜種類時，要把這些生活常識都考慮進去，如此將會很有幫助喔！

栽培需要什麼器具？

室內栽培的優點是，不需要像室外栽培用上一些大型器具，不過還是要備齊一些小東西，包含水彩筆（除蟲用）、竹籤、鑷子等，這些是室內栽培才會用的特殊工具。

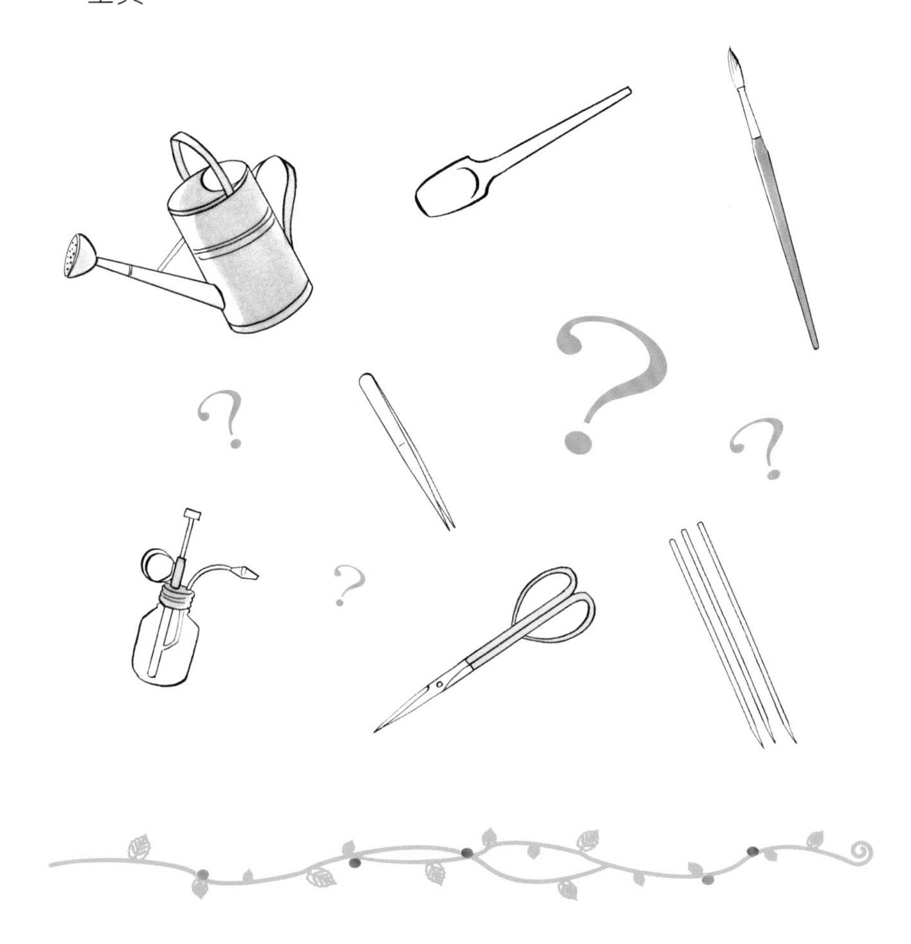

澆水壺的外觀設計選用自己喜歡的，能讓平常的澆水工作更愉快！

購買漂亮一點的澆水壺或噴水器，用不到時就放在盆栽旁當裝飾，光是這樣就能讓每天的例行公事變得樂趣橫生！

栽培需要的器具要視植物品種而定，不妨先選定栽培作物後再添購器具，具體細節請參考本書第 82 至 103 頁的「栽培 START」，一旦器具備齊，需要時就不會缺東缺西了！

室內栽培必備用品

花盆，花盆底盤

選擇花盆時，把作物的植株大小與室內設計空間都納入考慮，決定好之後再選用大小適中的花盆底盤。這兩種容器與四周環境的視覺風格要搭才好看！花器選擇的細節詳見第 61 頁。

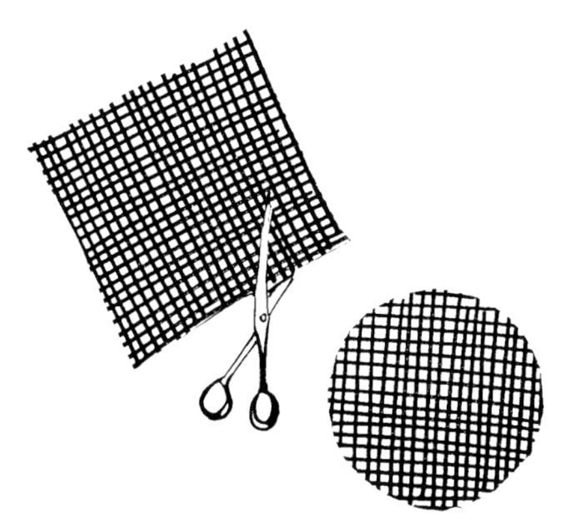

花盆底網

把土裝進盆內之前，盆底要鋪上花盆底網，如此可防止土壤流失，還能阻擋從下方來襲的昆蟲。

盛土

有時候用大鏟子不好播鬆土壤，我推薦大家使用右圖的盆栽施肥用的花土鏟，市面上常是大中小 3 種尺寸成組出售，其中最小的那一個，在需要減少盆中土壤、補充新土時很好用。

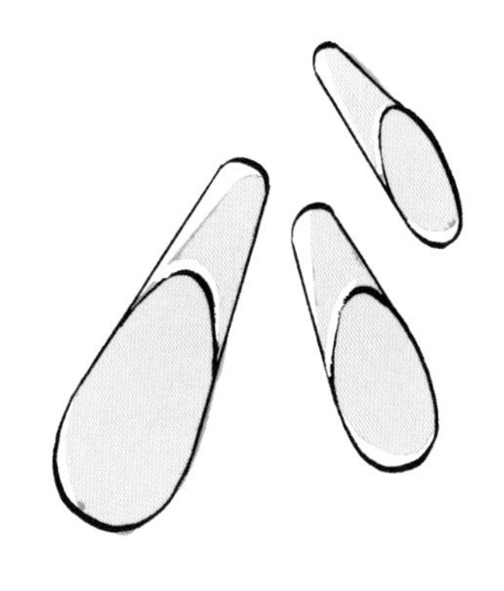

塑膠匙

在把種子播進小花盆、為種子覆蓋土壤時，小塑膠匙是最好用的，還可以用來整土與調整土量。

噴水器

照顧植物時，控制水量可以減少病蟲害發生的機會，就這一點來說，噴水器會比澆水壺來得好，需要多澆些水時，只要多噴幾次就行了，種苜蓿芽時很方便。

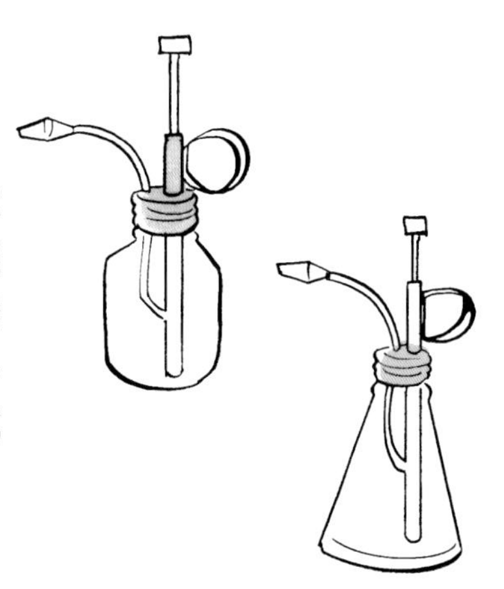

剪刀

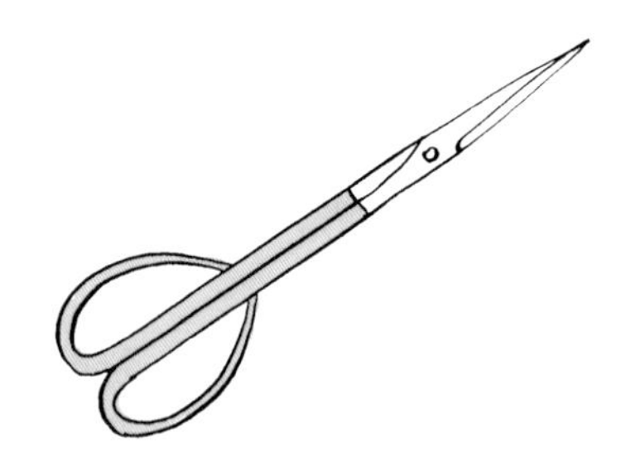

請選購功能標明適合收成蔬果的園藝剪刀，除了用在收成外，還能用來剪掉太過茂密的枝葉，所以購買時選擇細長的剪刀，操作起來會比較方便。

那麼就開始種菜囉！

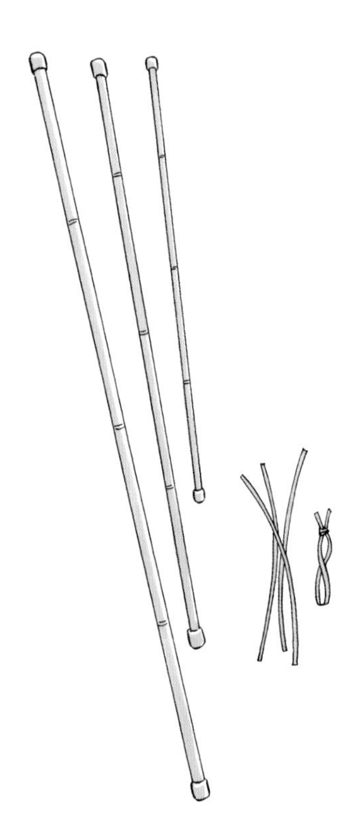

支柱和細繩

迷你番茄、青椒和小黃瓜，這類植株較高的爬藤類作物與果實類蔬果，都會用到支柱和繩子，支柱的長短須配合植株高度，可以看第 16 到 23 頁的說明，確認後再購買吧！另一方面，室內栽培的場地空間較受限制，有時必須反過來先搭設房裡容納得下的支架，配合支架高度來摘除作物頂芽以阻止植物長高。細繩是要把作物固定在支柱上用的，市面上也有鋼絲外包合成樹脂的代用品可供選購。

水彩筆和鑷子

這兩種工具的主要功能是用來撥掉與夾除害蟲，鑷子還能用來除去側芽，每次用完後別忘記要保持乾淨喔。

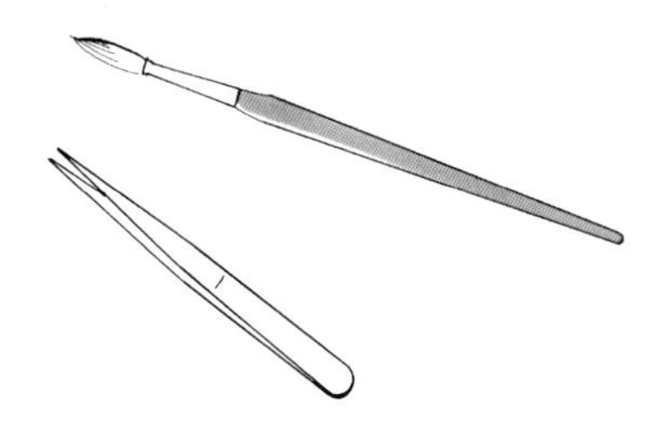

竹籤

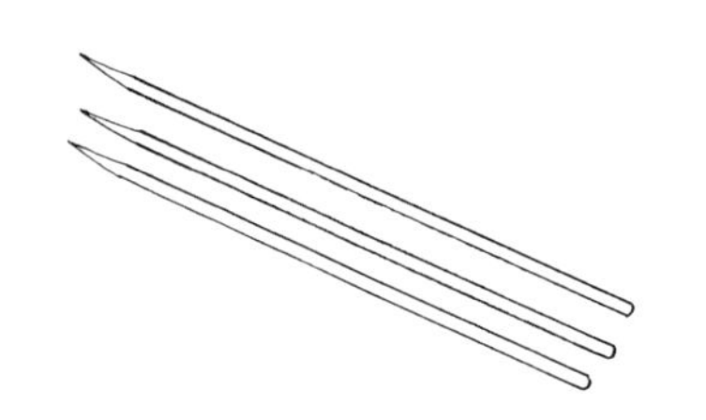

用小花盆栽種時，竹籤可用來整土與間拔，而且對挑除枯葉等細部工作也很有幫助。

如何挑選種植專用容器（花盆）

種植專用容器是圓盆、長槽、荷蘭盆等栽培容器的總稱，室內栽培最常使用的是圓盆，不過要是家中有大一點的凸窗或陽光普照的空間，就可以擺上一個長槽，然後組合幾種搭配性佳的蔬果種在一起，這又是另一種樂趣。

栽培容器的尺寸與形狀，基本上要依照作物種類和室內空間大小來做選擇，原則上要以不影響生活為主（在家人來來往往的地方放一個大盆子就太危險啦！）。

容器尺寸

果實類作物的容器要深，葉菜類的容器淺一點無妨

花盆的尺寸以「○號」來表示，這個數字代表盆子最寬處的直徑，一般指的是花盆上緣的直徑。舉例來說，1號盆大約3cm（約一寸），接下來的花盆直徑都是3的倍數，像3號盆直徑就是9cm，4號盆則是12cm。花盆的直徑和深度成正比，不過市面上也找得到大直徑的淺盆。

選擇花盆要配合作物的根部型態，通常高大作物的根紮得深，而矮小作物的根就幾乎不太向外伸展。

果實類作物的栽培期間比較長，為了支撐上端懸掛的果實，底下的根會紮得又深又緊，記得買個高一點的盆，以青椒和辣椒來說，大概需要5號以上的花盆，而迷你番茄和小黃瓜，盆子就至少要在9號以上。

葉菜類作物、香草類、沙拉嫩葉等這類作物是不需要太深的盆子，買4號盆就夠用了。想使用盆面直徑寬而盆身淺的栽培容器時，記得要挑選盆高10cm以上的較好。

用鋪墊法種植甜菜嫩葉時，3號盆最剛好，玻璃水杯的尺寸要能和3號盆搭配。此處要注意：盆子要是太大，水就不容易往上吸了。

材質

追求輕便可選用塑膠材質
喜歡自然風格可用素燒

選購栽培容器除了要考慮功能外，外觀和容器材質也很重要，喜歡自然風格的人不妨看看素燒盆（低溫燒成）、赤土陶器或木製品。在網路上偶爾可以找到歐洲進口的美麗赤土陶器，這種意外的發現實在令人開心。

比起塑膠材質，素燒和赤土陶器價格偏高，不過有時會在園藝用品店發現便宜又好看的，選購過程中的小驚喜，也是家庭園藝的樂趣之一！

塑膠材質最大的優勢是輕便且價格合理，沾到泥土只要拍一拍就掉了，看起來很乾淨，尤其最近有一些塑膠盆做得很好，有古羅馬風，有色彩繽紛的普普藝術風，漂亮得讓人看不出是塑膠製品呢。

除了栽培容器，還需要另外購買大小適中的花盆底盤。若用傳統方法澆水，多餘的水會從盆底大量流出，此時要是花盆底盤太淺，水就會往四面八方奔流，所以底盤最好選擇稍微深一點的。採用自然栽培法的果農木村秋則先生，像是他提倡的少水栽培法，底盤的選擇就比較多元化了。

長槽搭配自動給水器，栽培更輕鬆

使用這種裝置時，只要在土壤下方的水槽內注水，吸水墊就會自動吸取作物需要的水分，就算 5 到 20 天不澆水也沒問題！此做法在栽培過程中，盆底不會流出泥水，能讓房子保持乾淨，這就是所謂的「種得開心，顧得開心，吃得也開心！」現在就開始用自動給水器來栽種吧。

MERRY GARDEN PLANTER（含水槽、吸水墊、培養土、米糠、土質改良劑 650 × 220 × 高 200mm）定價 7000 日元／MERRY PROJECT（該產品僅於日本銷售）

＊ MERRY GARDEN PLANTER 詳細資訊

http://www.merryproject.com/garden_planter/

土和肥料到底該如何使用？

市面上買得到栽培專用的培養土，拆開包裝就可以直接使用，不過畢竟種菜和種花、種觀葉植物不一樣，種出來的東西是要吃進肚子裡的，所以大家在選購培土時還是謹慎點比較好，因此選購肥料當然要把安全與衛生放第一順位。

土

黑土和赤玉土3：1
表面鋪上一層枯葉的自然栽培法

首先要介紹的是最簡單的栽培法，這個方法是以「奇蹟蘋果」遐邇聞名的木村秋則先生親自傳授的。木村先生現居青森，他以多年的經驗研究出無農藥、無肥料的自然栽培法，可運用在蘋果、稻米以及其他作物上。目前木村先生致力於教授自然栽培法，期望這種栽培法能越來越普及。

過去在栽培農作物的期間，會施用氮肥以幫助莖葉生長，木村先生提倡的做法是：在作物的栽培盆中同時種下大豆，利用空氣中的氮來為植物補給養分。一種稱為根瘤菌的細菌能和豆科植物共生，取得空氣中的氮來供應宿主（施行時，大豆苗株須離作物 15cm 以上）。

「土壤中本來就含有一定的有機物質，而細菌能分解這些有機物質、轉換成植物可以吸收的含氮化合物。」木村先生還告訴我：「用了肥料就容易生蟲，植物也容易生病。」

木村先生的實驗結果顯示，使用自然栽培法的室內作物只要種在陽光充沛的窗邊，不用施肥也可以順利生長並生育，重點是要讓土壤中有氧。在固氮（利用空氣中的氮）過程中需要氧氣的參與，如此土壤中的好氧菌才能行有氧呼吸，把有機物質分解成適合作物吸收的分子。自然栽培法的技巧就是為根瘤菌打造適合生長的環境。

在田地和菜園栽培作物時，只要把土翻鬆就能補充土壤中的氧，一旦換到栽培容器裡，就要把黑土和赤玉土以3：1的比例混合使用，製造土粒間隙以便帶入氧氣。

黑土富含有機質且保水性佳，缺點是透氣性不好，加進一點粒子粗大的赤玉土正好能截長補短。

作物盆面覆蓋一層枯掉的落葉，營造類似林地的環境。和自然界比起來，花盆裡的土量少，水分蒸發得快，一層薄薄的落葉恰好可以減緩水分蒸散的速度。

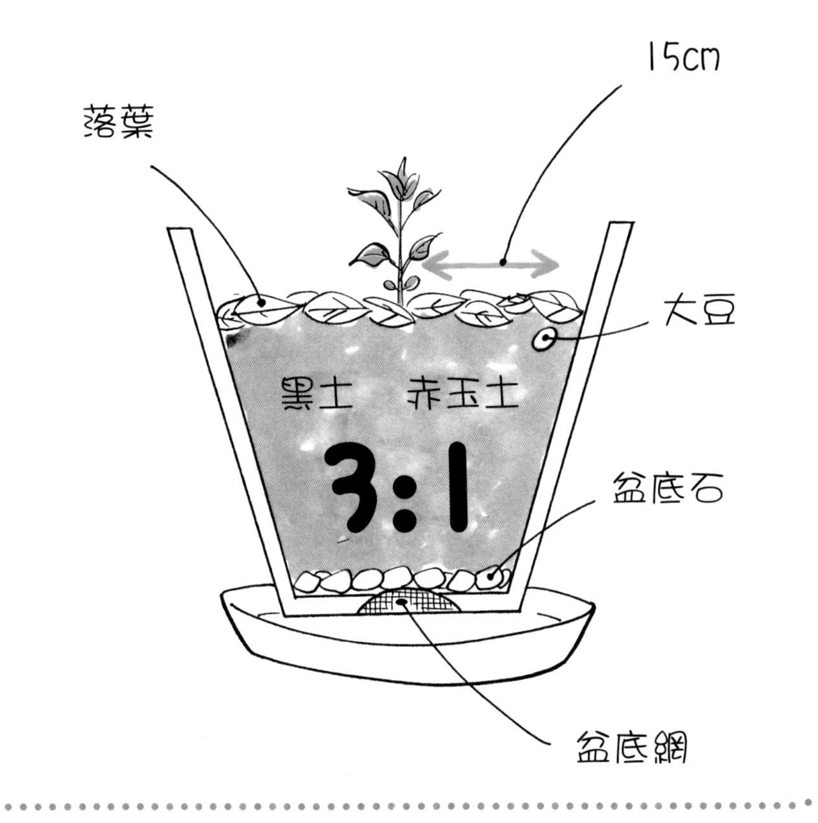

培土

充分了解培養土的性質
安心種出健康美味的蔬果

大家可能會覺得：「選來選去，還是買袋裝培養土最方便，倒進花盆就可以用了！」市售的蔬果栽培用培養土大多使用有機肥，但也有使用化學合成肥料的產品，這種培土種出來的作物雖然成長快速，味道卻略遜一籌，還有把化學物質吃進肚子裡的風險。

既然如此，使用有機肥就一定很安全囉？答案是未必，嚴格說來，其中有不少細節需要確認，比如有機肥含的是不是腐熟堆肥？在製造過程中若使用家畜的尿液，那麼家畜飼料的安全性也必須一併考慮進去。每家廠商生產有機肥料的方式都不一樣，最好能先與廠商確認，了解製程再選擇自己能安心使用的產品。

「光鄉城畑懷」老闆中村訓先生是培養土專家，他推薦大家使用的「畑懷土」，是用樹枝、葉片和草長期發酵而成的，製造時考慮土壤的團粒結構、排水、保水、透氣性佳，有利作物生根，可說是最適合栽培蔬菜的培養土，室內栽培時不妨選用類似的產品。

若使用肥料就用腐熟堆肥
但使用過量對身體有害

肥料分為化學肥料與有機肥料兩大類，有機肥又叫天然肥料，化學肥料則是用化學合成方式把無機物質製成肥料，它能讓作物快速生長，但前面有提過，化學肥料種出來的蔬菜風味較差，而且還可能把化學合成物質吃進體內，收成後的土壤也無法重覆利用，必須丟棄。

另一方面，有機肥料的來源可能是家畜的糞尿等動物性原料，或是米糠和油菜籽粕等植物性原料。前面提到的果農木村秋則先生認為：「如果肥料一定要使用來自畜牧業者的家畜糞尿，那一定要先花幾年時間讓肥料充分發酵與腐熟才使用，不然發酵就沒意義了，否則就不該購買這樣的肥料。」

不管使用哪種肥料，用量都不能太多，要不然蔬菜裡會囤積一種稱為硝酸鹽的物質，食入過多的硝酸鹽會引發貧血。過去美國曾發生菠菜中硝酸鹽過高而引發死亡意外，有 20 多名嬰兒在吃了含有高硝酸鹽的菠菜泥後，30 分鐘內便死亡（身體因缺氧而呈現藍紫色，故稱「藍嬰症候群」）。

使用肥料需要不少專業知識，不論是化學或有機肥，都必須在謹慎的考量下選購，我覺得室內栽培作物量少，其實大可省去施肥的功夫。

如果想讓土壤回復生機，可以試試把竹子磨成的竹粉（參考第 70 頁）拿來當土質改良劑，在乳酸菌的發酵作用下，竹粉能增加土壤內的養分，使微生物增生繁殖，活化土質，有助植物生根結果，種出來的菜自然比較鮮甜。

用過的土

收成後清除土中殘留的根、讓土壤在日光下曝晒

作物收成後，用過的培養土養分貧瘠，裡頭可能還有植物病害的病原體，所以一般不建議連續使用，栽種下一批作物時最好更換新土。只是土壤用了就丟，心裡多少會因為覺得浪費而感到可惜，此時只要下點功夫，用過的培土還是能捲土重來的！不過想讓廢土起死回生，需要花一點心思。

收成後通常會把作物的苗株拔起，不過要是你和木村秋則先生一樣，在盆內種有大豆，那麼就要把大豆的根留在土中，讓上面附著的根瘤菌在休耕期間繼續固氮。

根瘤菌的固氮反應在低溫時會停止，所以入冬後必須把培養土中的大豆根清乾淨，否則根在土中腐爛的話，會增加厭氧菌的數量，它會抑制好氧菌的活動，所以清除時要仔細點喔。

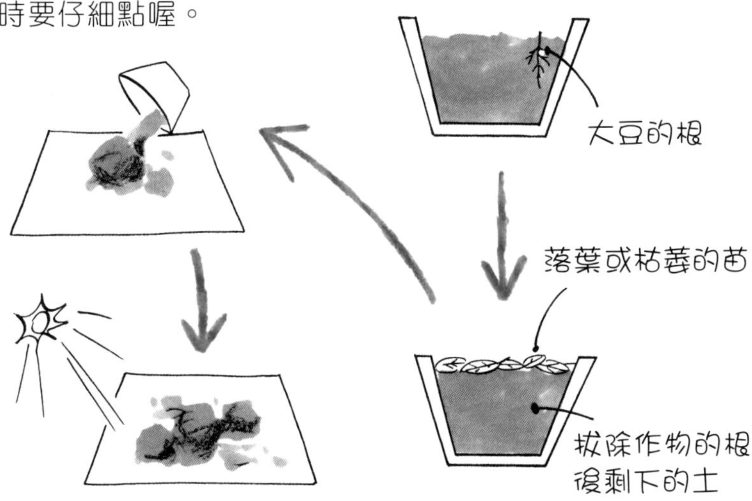

處理好的培養土再度利用前，要在上面蓋一層枯葉，讓土壤暫時休息。如果沒有枯葉，在枯苗徹底乾燥後，把它剪成適當大小就可以當作落葉的替代品。

當要使用舊土時，先除去落葉，接著把土倒出來鋪平在塑膠布上，在陽光下曝晒半天到一天的時間。此時的土壤可能已結成塊狀，但在日晒過程中不要將土塊敲碎。等培土晒好了之後，先在盆栽底部放置盆底網與盆底石，然後把晒好的土放進盆中，要從顆粒較粗的土塊開始放，讓土壤粒子下粗上細。

若使用培土時有在盆內種大豆，作物收成後，不打算再繼續種大豆，那麼土壤要過篩除根，然後加入一點水拌勻，直到全部都濕潤後，將土壤裝進黑色塑膠袋封好，接著放在日光直射處消毒殺菌 10 到 20 天。

一般而言，以栽培容器栽種植物時，在經過上述過程消毒完之後，都需要在土中添加土質改良劑或肥料，以補充作物消耗掉的養分。下回試試搭配大豆一起種吧！養分的補給方式請參考肥料的章節。

以枝條、雜草為原料，年年肥沃的培養土

「畑懷土一畑」（左圖）是栽培新手也能簡單種出強健蔬果的培養土，保水性佳，夏日澆起水來比較輕鬆，它的原料是雜枝與雜草，富含礦物質。作物收成後，只要混入「畑懷土一懷」（右圖），就能使土壤再度腐熟，以便重覆利用。

畑懷土一畑（12L）：1890 日元（該產品僅於日本銷售）

畑懷土一懷（1L）：11050 日元（該產品僅於日本銷售）

使用竹粉、借助乳酸菌的力量改良土質

竹粉是竹子經研磨機磨成粉狀後密封出售的產品，密封的環境能讓竹粉內的乳酸菌自然繁殖，乳酸菌對蔬菜繁衍有所助益，還能增加甜味。竹粉的用量約是土壤的 3%，混合後先讓土壤成熟 2、3 週再行利用，若是等不了這麼久，也可以直接把竹粉撒在土表上，但要與種子、苗株保持距離。

竹粉：300g／200 日元、10kg／1500 日元（該產品僅於日本銷售）

種子該怎麼選？

沒有種子自然就無法栽培！栽培的第一步當然是購買種子，不過只要一踏入園藝店，常會發現眼前的選擇多得目不暇給，但上網搜尋後，又會發現購買種子簡單得不能再簡單。

既然如此，是不是挑選自己喜歡的種子買回家就對了？先等等，購買種子前請多了解它一些。

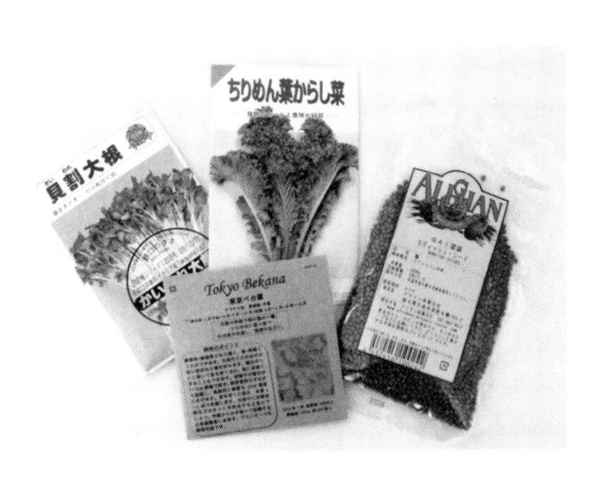

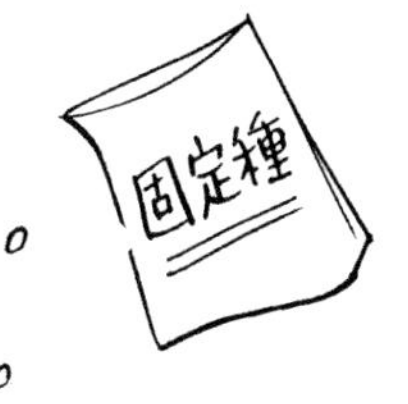

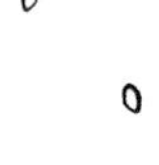

推薦固定種與原生種
容易種出口感溫和的蔬果

在各大超市生鮮區看到的蔬菜都長得一模一樣，因為它們都是從「F1 種」（又稱「F1 雜交種」）種出來的，F1 是「Filial 1」的簡稱，意思是「第一代」，表示在育種某作物時，藉由不同品種間的雜交、去除親代缺陷、保留親代優點後，所獲得的第一代雜交種，作物的包裝袋上會標示「F1」、「一代交配」、「一代交配種」等。

F1 雜交種蔬菜是以大量生產為目標而改良出來的，以產量多、外觀一致、生長快速等優勢大受歡迎，約從昭和 40 年（民國 54 年）起普及全日本。然而由 F1 雜交種所種出來的菜，並不繼承 F1 種的特徵，是所謂的單雜交種。

相對於 F1 雜交種，種子種出來的子代完全繼承親代的特徵，這類植物稱為「固定種」，固定種是在不斷育種與去蕪存菁下篩選出來的，遺傳特徵大致上固定不變，這種蔬菜的包裝上通常不會特別標示。

F1 雜交種方便農家有計畫的收成和出貨，但風味沒有固定種好，質地通常也比較堅硬。就室內栽培來說，收成時間不一反而能享受長期收穫的樂趣，加上固定種蔬菜比較美味，所以最近選則固定種的人越來越多了。

固定種作物中的原生種，是各地農家長年自行栽培與採收的當地特有品種，最適合生長在當地氣候環境，種出來的作物風味獨特，這樣的蔬菜不僅最適合日本人體質，更造就各地不同的飲食文化。

室內栽培沒有銷售壓力，建議選擇固定種或原生種來栽種，長得慢點沒關係，味道與質地最重要，要是收成的作物最後能成為自家菜的種子，那麼家庭園藝的快樂將會提升到另一種境界。

閱讀包裝說明
確認種子是否消毒過

「種子是否經過消毒處理」是選購種子的重要依據，業者有義務於包裝袋上標示種子的消毒狀態，購買時就能一目瞭然。未經消毒處理的種子，包裝上常有「未經藥劑處理」、「未消毒種子」、「本種子不使用農藥」等字樣；沒有任何標示的種子通常也是未消毒的種子，至於芽菜類的種子則一律不消毒。

市面上偶爾會看到無農藥、不施肥的有機作物種子，室內栽培若講究品質，這類自然栽培的種子不妨一試。

種子的保存法

沒用完的種子要裝在密封容器裡
放進冷藏室保存

如果蔬果是用小花盆種在窗邊，最後會剩下不少種子，栽培的種類越多，種子就剩越多……。幸好，室內栽培的優點就是不受季節限制，一年可以種好幾批，只是再怎麼種，種子可能都用不完。

每包種子的包裝袋上都載有保存期限，像是「距離發芽月份起 1 年內」等的標示。難道種子就真的只能用到包裝上記載的日期，過期後就只好丟掉了嗎？事實並非如此，種子保存期限的意思是：保證種子發芽率的期限。過期的種子還是能繼續使用。

「光鄉城畑懷」的老闆中村先生表示，種子的保存期限因種類而異，在妥善保存的情況下，一包種子用 3 到 4 年都沒問題。番茄種子的生命力特別強，其次是白蘿蔔、蕪菁、葉菜類，十字花科的種子通常可以保存很久。

請記住，惡劣的保存條件會降低發芽率。基本上，保存種子的原則是「低溫低溼」，最好能放進冰箱裡。用完後直接把種子的包裝袋封好，放進玻璃瓶或密封容器中，然後放一包乾燥劑（食品包裝中就可取得），蓋緊蓋子放進冰箱。如果想省事，也可用夾鍊袋，這麼做還能順便節省空間呢。

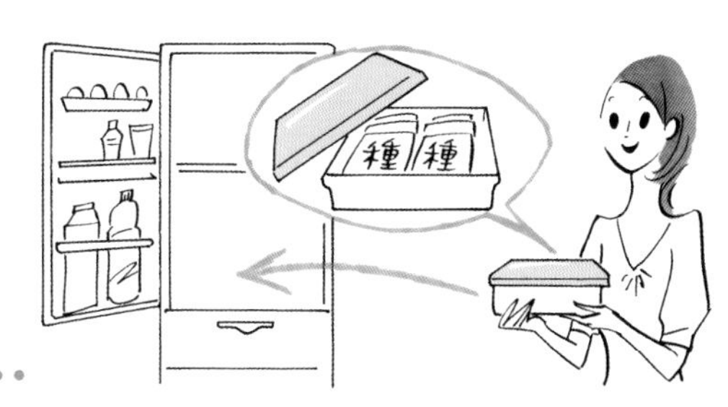

苗株該怎麼選？

「播種對我來說難度太高了啦！」、「植物種在這個房間裡，真的會發芽嗎？」如果你有這些疑慮和不安的話，何不從苗株開始種起呢？

市面上苗株的選擇和種子一樣五花八門，現在就來了解選購苗株的要領，買盆健康的苗株回家，開始自家的室內栽培吧！

苗株挑選法

學會分辨苗株的好壞
選擇存活率高的苗株

健康強壯的苗株買回家後通常長得比較好，讓人照顧起來很有成就感，可是要是買了狀況不好的苗株，就會生長緩慢或生病，有時候還會發生明明定時澆水，苗株仍然枯萎的情形……。

選購苗株要注意以下事項：

①莖要筆直不彎曲。

②葉片要有光澤、張力和厚度。

③葉片沒有損傷和枯黃。

④葉片間隔距離短。

⑤苗株最下方看得到子葉（這是苗株新鮮的證明）。

⑥苗株不鬆動（表示根紮得緊）。

⑦迷你番茄等果實類蔬菜的苗株上，找得到花蕾或花朵。

⑧花蕾要大而健康。

⑨葉片和莖的細毛要長而濃密。

有的人在選購果實類蔬菜苗株時，特地挑選莖細、葉色淺的苗株，理由是莖部強健、葉色深可能代表苗株含有許多氮，這的確會讓葉片長得漂亮，但果實卻長得不好。

選擇苗株當然不能不考慮栽培環境和土壤，不同栽培條件對苗株的狀況當然會有不同要求，這部分得靠個人經驗判斷，大家不妨都試試看。

另外，室內栽培既然講究全程無農藥，購買苗株時也要盡量選擇不使用農藥的苗株！

什麼時候適合播種？

「原來家裡也可以種菜啊！好，就來種種看吧！」看到這裡是不是已經躍躍欲試、恨不得現在就去添盆購土回家播種？再等等！「不分時節，一年四季都可以開始」固然是室內栽培的最大賣點，然而選對時機更能讓你有個好的開始，畢竟天時地利還是很有幫助的！

按捺雀躍的心情
靜待最佳的播種時機

種在戶外的植物，若不依照種子包裝上標示的時間播種，種子不發芽和不成長的機率就會很高。

室內栽培較不受戶外氣溫影響，凡是能種在家中的作物，通常整年都能栽種，即使戶外是令人難耐的嚴寒也不受影響，而在晴朗的冬日中，小窗口前仍有足夠陽光讓小盆栽成長茁壯。

這樣的優勢使得室內栽培在播種時擁有更大的自由，除了常見的「春植」與「秋植」外，冬、夏兩季也都可以隨時開始播種。

春植的作物通常較容易發芽，葉與莖部能順利成長，但是這個時節的日照角度高，不容易照進室內，因此栽培時要多多關心作物的日照情形。之後當 5 月氣溫回昇時，昆蟲會隨之而來，這是春天播種時需要特別注意的兩個重點。

夏天播種的作物一樣能順利發芽，而且會長得比春天播種的作物還要快。夏植同樣有蟲害問題要解決；另外，土壤在夏日高溫下失水情形會加快，所以日常澆水要更勤勞些。

秋植的作物在發芽時沒有什麼問題，秋日的斜陽剛好容易照射進屋內，適時提供了作物需要的日照。氣溫下降連帶著害蟲也會消失，作物照顧起來就比較輕鬆容易。

至於在冬天播的種，發芽與成長的速度有時雖然偏慢，然而接進水平的冬日陽光能照到屋子的正中央，這樣的日照環境非常適合植物生長。冬天種的蔬果完全不用擔心昆蟲侵襲。

月亮週期

葉菜類作物要在月圓的前 3 天播種

在日本大分縣經營「循環農法」菜園的赤峰勝人先生，他以《從紅蘿蔔到宇宙》一書廣負盛名。赤峰先生在接觸了魯道夫．史代納提倡的「生機互動農法」（Biodynamic agriculture）後，他親自栽培驗證，結果證明魯道夫．史代納所言不假：「葉菜類作物的種子要在月圓的前 3 天播種，根莖類則在月圓日播種，這樣才成長得快。」這個論點在赤峰先生的實驗中獲得證實。

在最佳時期播下的葉菜作物種子，會在 3 天後的月圓日發芽，赤峰先生引用「陰陽論」來解釋此現象：屬於「陰」的月亮在月圓時是最接近「陽」的狀態，此時抽出的新芽會在滿月的光（陽）之牽引下生長。

至於根莖類作物的播種時機，按赤峰先生的說法是，根莖類發芽需花上 2 週時間，在月圓之日播種，將在新月時抽芽，此時月亮的力量是作用在地球內側，此處發出的引力能牽引植物把根紮深。

除了赤峰先生外，還有其他農家也採用「生機互動農法」，他們發現這樣種出來的作物比較沒有病蟲害問題。

我在編寫本書期間，試著遵循上述的方法，在 4 月的月圓前 3 天播下葉菜類作物的種子，結果十幾盆植物恰好不約而同地在 3 天後的滿月日發出新芽，實在太感動了。

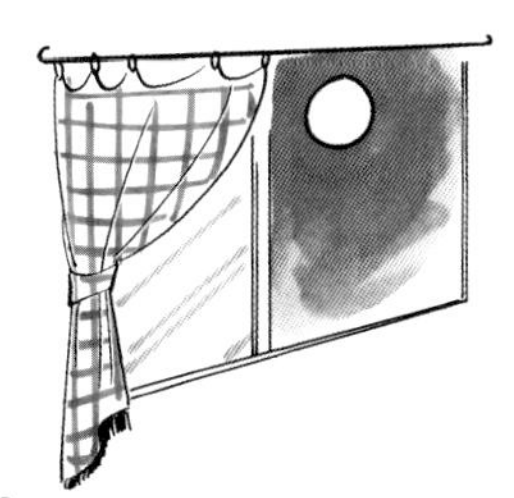

栽培START

栽培スタート編

苗株怎麼定植？

買了美麗的盆子，栽培土也有了，接著就要把苗株移植到盆子裡。室內栽培終於要開始了！不過別急，大興土木前，先了解一下定植的訣竅吧！

定植

小心地連根拔起
要拔掉末端才種下

說到定植，首先把土放進盆中，然後從苗株盆裡取出苗株放進去，最後再蓋上土就完成了，真是簡單得一塌糊塗！不過，此時只要用上一點小技巧，對日後作物的成長會大有幫助喔！

取出苗株時，注意不要把根拔傷，移植前先用手把根的末端拔掉一點，移進盆中時不要放得太深。移種苗株可是有不少學問的。

定植要是做得快，全程不到 5 分鐘，然而眼前的植物來到家裡也算是種緣分，栽培時請大家要用溫柔的心好好愛護幼苗！

定植時請留意，移植後必須為苗株澆水。一般的做法是大量給水，直到多餘的水從盆底流出為止，但是木村秋則先生的論點是：「只提供植物生存所需的水量，如此能讓植物的根紮得更深。」因此拿出噴水器把土表噴濕即可。

必需品清單

① 黑土

② 赤玉土（黑土和赤玉土的混合比例為 3：1，可用蔬菜專用的培養土代替）

③ 盆底石

④ 噴水器

⑤ 落葉

⑥ 盆底網

⑦ 花盆（尺寸選擇請參考本書第 61 頁）

⑧ 作物的苗株

⑨ 固定支柱用的鋼絲（或細繩）

⑩ 支柱（支柱、細繩和鋼絲只有在栽培果實類作物時才用得到）

苗株定植步驟

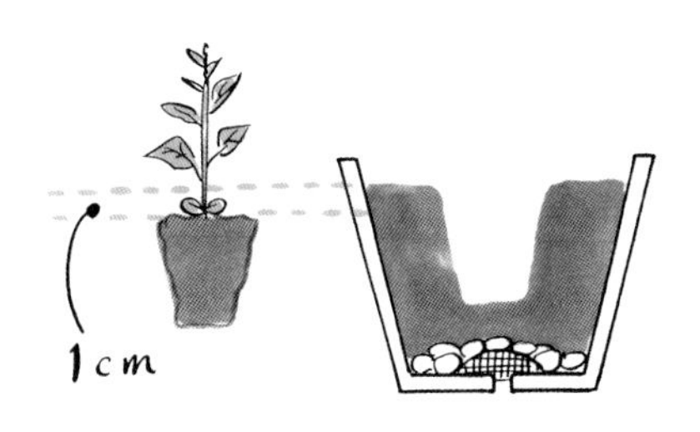

1 在盆裡放土

在盆底放好盆底網、鋪一層盆底石，接著放入黑土與赤玉土的混和土或專用培養土，最後在土壤中央挖一個移植苗株的洞。洞的深度約比苗株的土塊高 1cm。

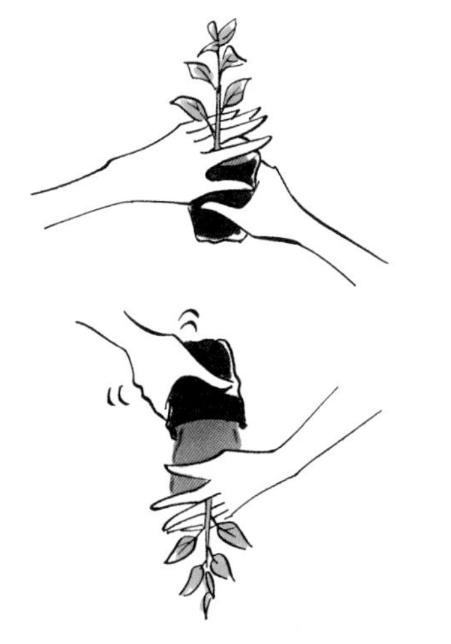

2 苗株的正確拿法

一手持盆、另一手的食指和中指夾住苗株莖部，手掌包握苗株根部。

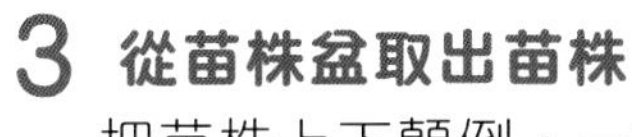

3 從苗株盆取出苗株

把苗株上下顛倒，一邊輕輕轉動苗株盆、一邊從中取出苗株。

4 用手指把根撥開

取出後，將兩手的拇指探進盤根錯節的土塊底部，把根往四周拉開。根時常會糾結在底部，這個步驟能幫助定植後的苗株生根發展。

5 把苗株放進盆裡

把根部鬆弛過的苗株輕輕放進步驟1的栽培容器裡，讓苗株土塊稍微比盆中土面低1cm左右就OK了！在這個步驟中，要是把苗株放得太深，苗株就容易生病，放得太淺則容易乾掉，請注意這一點。

6 覆土

在苗株四周倒土（黑土＋赤玉土，或用專用培養土），苗株上也蓋上約1cm厚的土，最後把盆內的土整平。

7 澆水

用噴水器把土壤表面噴到濕潤程度即可。

如何播種？

「栽培就是要從播種開始！」這樣的信念非常重要。直到昨天都還是一片平坦的土表，突然間伸出小巧的芽，這是栽培人都經驗過的密室小驚喜。

播種雖然有很多相關知識，但室內栽種倒不必像庭園栽培、大型培養槽栽培時顧慮那麼多，初學者也能放手挑戰看看。

室內栽培多用撒播
上面蓋的土要薄

作物種在菜圃或大型栽培槽時，通常會在土表上畫出一條條平行的條溝，把種子播在條溝裡，這個方法就是「條播」；第二種方法是在土中多處一次播下2、3或數粒種子的「點播」；第三種是在土表撒滿種子的「撒播」。

使用花盆在室內栽種作物時，撒播是最普遍的做法，不管種的是葉菜類或沙拉嫩葉，栽培時通常都是讓作物沒有間距的密集生長。至於紫蘇、羅勒、迷迭香等莖部粗大的香草類則應用點播。

種子上蓋的土如果太厚，會使作物延後發芽時間，所以記得只要蓋上薄薄一層就好。澆水方法比照苗株，用噴水器噴到土表濕潤即可。

必需品清單

① 黑土

② 赤玉土（黑土和赤玉土的混合比例為 3：1，亦可用蔬菜專用培養土代替）

③ 盆底石

④ 噴水器

⑤ 落葉

⑥ 花盆（尺寸選擇請參考本書第 61 頁）

⑦ 野菜種子

⑧ 盆底網

撒播教學

1 在盆裡放土

盆底放好盆底網，蓋一層盆底石，接著放入黑土與赤玉土的混合土，土量約 8 分滿，最後把土表整平。

2 撒播

在土壤表面平均地撒下種子。

3 覆土

在種子上蓋一層薄土，夠把種子蓋住即可，太厚的土會讓種子發芽變慢。

4 澆水

用噴水器噴水使土壤表面微濕即可。

5 用報紙蓋住

土壤乾掉種子就不會發芽，所以要在盆上蓋一張報紙以防水分蒸發。

點播教學

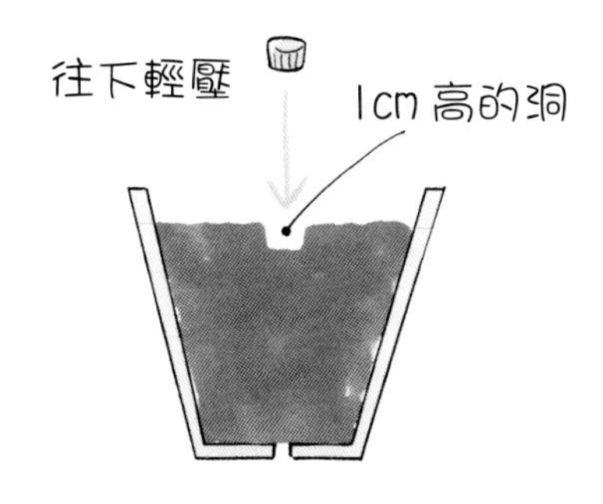

1 挖好播種用的洞

請參考撒播教學的步驟 1，備好栽培用土壤，依作物生長型態判斷播種間距後才開始挖洞。挖洞時可利用保特瓶的瓶蓋，將瓶蓋放在土表，輕輕往下壓出深約 1cm 的洞。

2 播種

每個洞裡放進 2、3 粒種子，注意要避免種子重疊。

3 覆土、澆水

用手指把洞旁的土撥一些到洞裡頭蓋住種子即可，後續處理同撒播教學的步驟 4 和步驟 5。

什麼是鋪墊法？

「光鄉城畑懷」的創始人中村先生，他推薦大家栽培時採用「鋪墊利用法」，這種栽培法就是利用鋪在花盆下方的不織布（未經編織的纖維，彼此交織嵌合而成的薄膜），讓它從玻璃杯中吸取必要的水量，為土壤補充水分。

只要用這一招，就算過去的栽種再如何失敗、種死的植物再多，都不用怕歷史重演。尤其是常出差及愛旅行的人，「鋪墊利用法」就是你栽種時的救星！

把不織布鋪在盆底
讓水從下往上吸

真沒想到，種嫩葉沙拉竟然如此不費吹灰之力！一連好幾天沒澆水，植物的葉子還是水水嫩嫩、神采奕奕。等水杯裡的水乾了再補充水就好，鋪墊利用法的好處就是簡單省事。

鋪墊利用法的關鍵在不織布。在盆底鋪好不織布後，從容器底部的洞把不織布向外抽出，最後才在盆裡填土。如此一來，不織布會自動從下方水杯吸取土壤需要的水分，不多也不少。在栽培時，從頭到尾都用不著澆水。

然而鋪墊利用法有一個缺陷，就是當容器太大時，不織布無法將水分傳遍整個容器。經驗告訴我們，3 號盆最適合拿來做鋪墊栽培。至於底下的水杯，要選擇盆子放上去後、盆底與水面間留有數公分空間者最為理想。

必需品清單

① 玻璃杯

② 3 號盆

③ 不織布（本次使用排水口專用的不織布網）

④ 培養土（本次使用黑土、赤玉土的 3：1 混合土）

⑤ 小土鏟

⑥ 種子

有了這個，鋪墊利用法就更輕鬆囉

鋪墊利用法的專用花盆，它是內外雙層構造，內盆鋪有不織布，澆水時從外盆孔洞中添加水分，不織布就會自動為土壤吸水。一時忘了澆水也沒問題！真是「每種必勝」的優秀花盆啊。

「我家的栽培 in room」，內含培養土、花盆 4 個、種子 2 種、美植袋、說明書：3150 日元（該產品僅於日本銷售）

鋪墊利用法教學

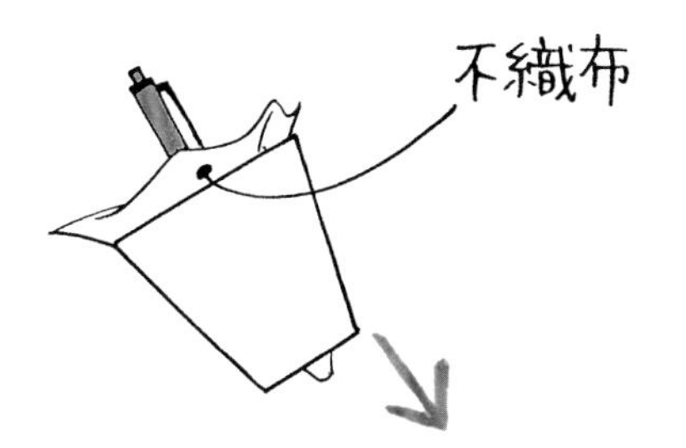

1 鋪設不織布

在盆底把不織鋪展開來，用原子筆或其他細長棒狀物體把不織布從盆底孔洞往外推，向外抽出不織布。

2 在盆裡放土

在盆中放入培養土或黑土與赤玉土的混合土（要是情況允許，盡量使用前一年大豆根瘤菌固氮處理過的土）到 8 分滿。

3 花盆下方放置水杯

水杯倒入 3cm 高的水，然後放上步驟 2 備好的花盆。

4 播種

把種子均勻播在土表，播種時力求分散，避免重疊。

5 覆土

用塑膠匙在播完的種子上覆蓋一層薄薄的土，土量夠把種子蓋住即可，完成後不需澆水。

6 用報紙蓋住

土壤乾了種子就不發芽，所以要拿張報紙把花盆蓋住，直到種子發芽為止。

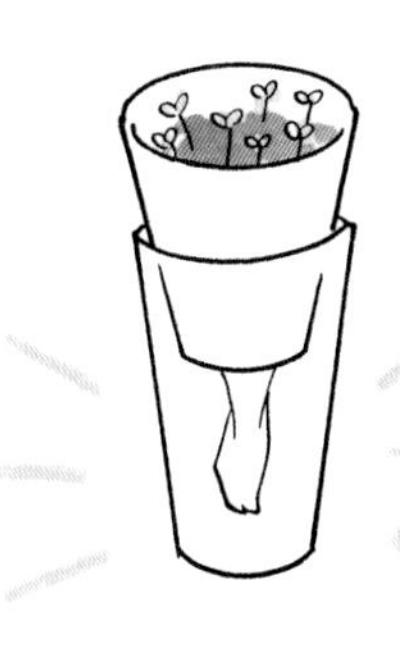

7 讓植物把水吸乾

土壤中的營養素會透過不織布溶進水杯裡，因此應避免中途換水，讓水完全吸乾後再補充新鮮的水。

8 補充水分

補充水分時，要暫時把花盆移開，在杯中倒入新鮮的水後，再把花盆移回。

芽菜栽培的基礎知識

芽菜類（蔬菜的幼芽）是最適合種在室內的蔬菜，屋內的生長條件對芽菜類來說，是既自然又合適；此外，芽菜栽培不分季節，不需特別購買土壤與花盆，栽培時間短，播種後約 7 到 10 天即可收成，這些都是芽菜栽培的魅力所在。

培育芽菜的過程必須勤於換水，因此比較不推薦工作忙碌或怕麻煩的人栽培芽菜。

換水是每日例行公事
蘿蔔嬰類要曬 2 天太陽

芽菜類分為「蘿蔔嬰類芽菜」與「豆芽類芽菜」兩類，兩者都要在暗處生長，不同的是，「蘿蔔嬰類」在收成前要經過日照讓葉子變綠，「豆芽類」則無此必要。

種植「蘿蔔嬰類芽菜」時，要先把鋪在容器底部的棉花噴濕再撒上種子，這裡要注意：播種時不要省過頭，盡量讓種子鋪滿，芽菜才能密集叢生。

話雖如此，「豆芽類芽菜」長大後，量會增加近 10 倍，播種時請考慮容器大小與種子量的平衡。

芽菜類的栽培重點是，「蘿蔔嬰類」要每天澆水並把多餘的水倒掉，「豆芽類」則要每天沖洗，這些工作要是偷懶怠惰，心愛的芽菜就準備長黴、乾枯、發臭了……。

為了保護芽菜，在栽培過程中一定要悉心照顧，如此一來芽菜也會用成長來回應你的愛心，讓人更想努力下去喔！

必需品清單（蘿蔔嬰類芽菜）

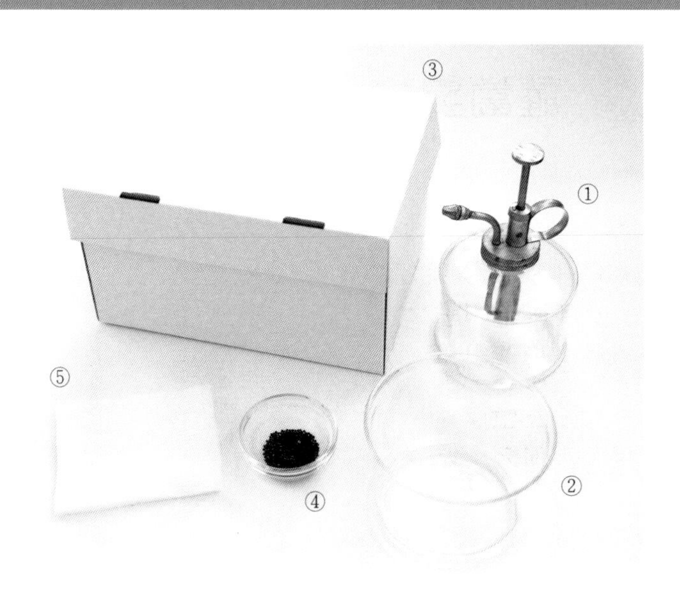

① 噴水器

② 玻璃容器

③ 紙盒

④ 芽菜類的專用種子

⑤ 棉花（脫脂棉）

※ 栽培「豆芽類芽菜」時，還需要準備紗布和橡皮筋。

用有機棉花栽培芽菜最安心

栽培芽菜時最常使用廚房紙巾、面紙、海棉等做為培養基，其中效果最好的非棉花莫屬。這裡介紹的棉花是以有機棉花為原料，製造過程盡量不使用藥物，用來做栽培的培養基，當然能用得安心。

PRISTINE 有機多用途棉花：504 日元（該產品僅於日本銷售）

蘿蔔嬰類芽菜栽培教學

1 鋪棉花

把棉花剪成跟玻璃容器底部面積一樣大，然後鋪在容器底部。

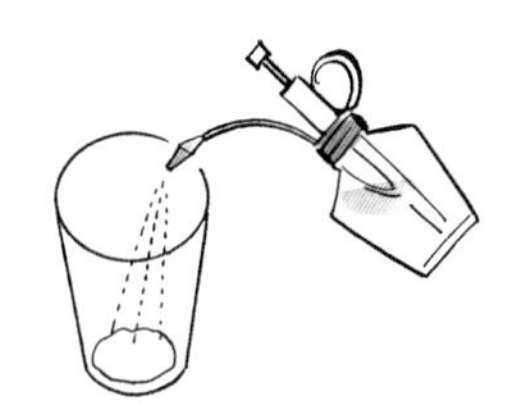

2 把棉花噴濕

用噴水器噴濕步驟 1 鋪好的棉花，讓棉花帶有一定水分，用手指按壓會有水湧出的水量就剛剛好。

3 播種

在步驟 2 準備好的棉花上播滿芽菜種子，種子要密集，但要避免彼此疊合。

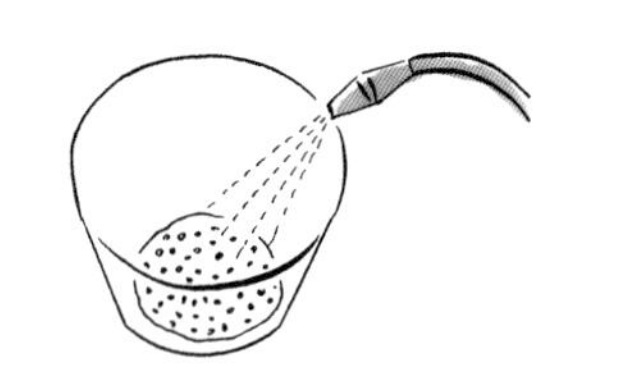

4 噴水

用噴水器由上往下對種子噴水，噴到種子剛好浸在水裡即可。

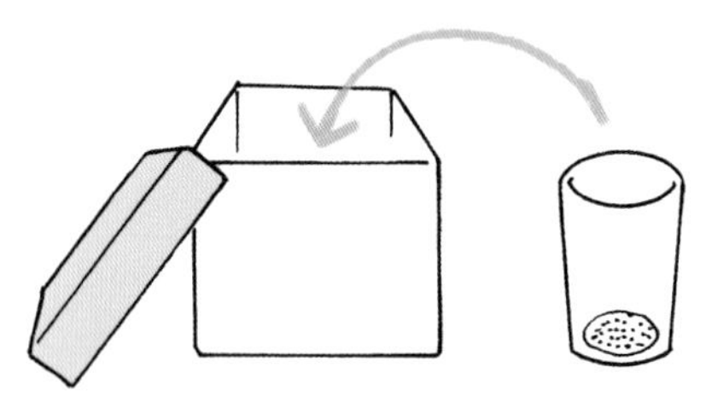

5 放進箱子

把步驟 4 的栽培容器放進有蓋的紙盒（或紙箱）裡、或套上紙袋來遮蔽日照，接下來的 2 天都不要打開（不必澆水）。

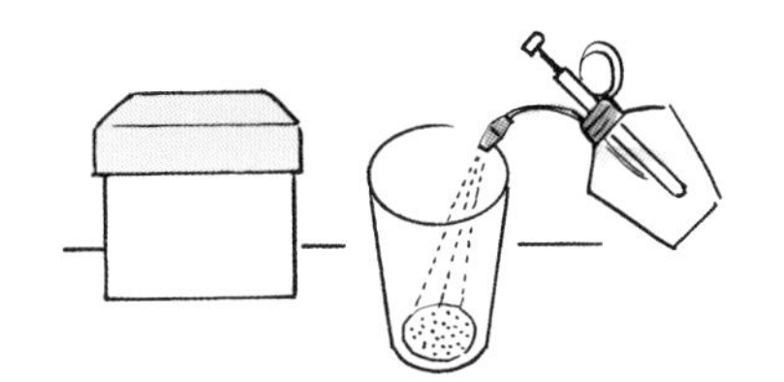

6 每天澆水

從第 3 天起，每天都要用噴水器為芽菜澆水，不能讓種子乾掉。

7 換水

大約再過 3 天種子就會生根，生了根以後，要每天為芽菜澆一次水，澆水時水量要能淹蓋種子，多餘的水要倒掉。

8 曬太陽

芽菜長到大概 10cm 高時，要把芽菜從箱子裡拿出來曬太陽。

9 收成

芽菜一旦經過 2 天的日照綠化後，便可以開始收成，料裡時要用多少就剪多少。

一次能種 3 種芽菜的芽菜專用栽培器

使用這種 3 層芽菜栽培器，一次就可以種 3 種芽菜，它的底網非常細，所以不需用到廚房紙巾或棉花。
芽菜專用栽培組：4725 日元（該產品僅於日本銷售）

豆芽類芽菜栽培教學

1 鋪棉花

把棉花剪成跟玻璃容器底部面積一樣大，然後鋪在容器底部。

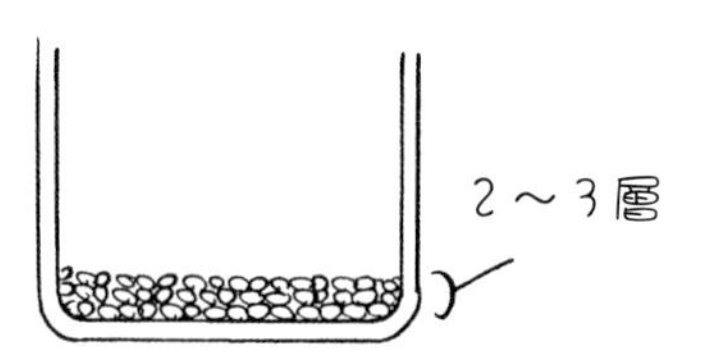

2 播種

播種時要讓種子重疊2至3層。

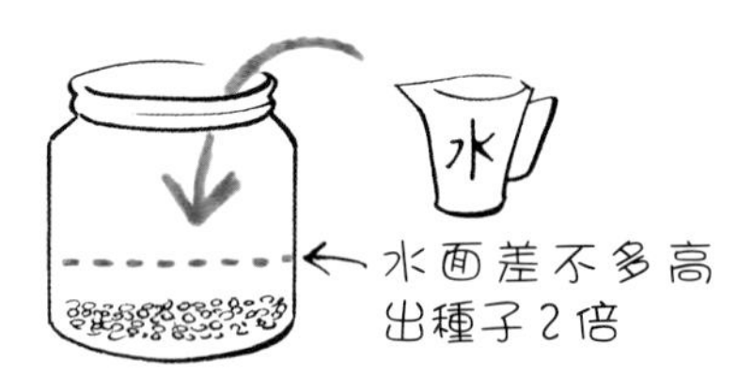

3 倒水

將水倒入容器中，水面高度要是種子的2倍高。

4 蓋上紗布

用紗布蓋住容器，容器口套上橡皮筋固定。

5 放進箱子

把步驟4備妥的栽培容器放進紙盒或用紙袋罩住，不要讓它曬到太陽。

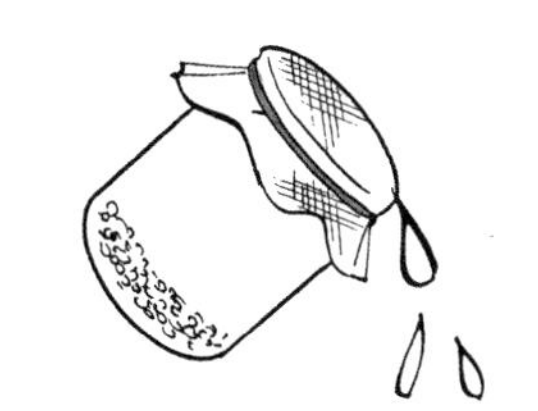

6 倒掉多餘的水

隔天要把容器中多餘的水倒掉，傾倒時不必掀開紗布。

7 用水清洗

每天都要從紗布上方注入新鮮的水，然後搖晃容器清洗種子，除了冬天外，一天要做這步驟2次。

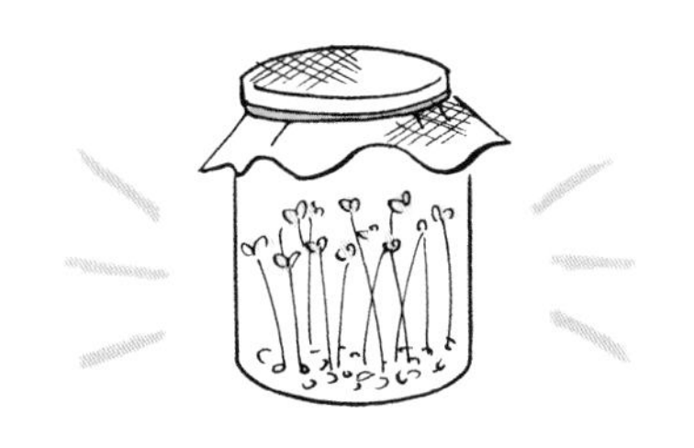

8 收成

等到芽菜長到 5cm 以上時就可收成了，收成的芽菜上還帶著種皮，料理前用水把種皮洗掉吧！

芽菜種子發芽箱最適合拿來栽培芽菜

「芽菜種子發芽箱」是種苗店在測試種子發芽時使用的器具，拿來種芽菜剛剛好，以素燒做播種床的優點是乾淨衛生。這種發芽箱是組合式的，不用時可以折疊收藏，不占空間。

メネミル（野口式種子發芽箱，長 8.5 × 寬 12 × 高 4.3 cm，附瀝水布與遮光袋）715 日元（該產品僅於日本銷售）

健康成長篇

すくすく育てる編

澆水要注意什麼？

蔬菜栽培新手最容易失敗的環節通常是澆水，這是人之常情，看到植物澆了水之後的健壯模樣，任誰都會忍不住每天嘩啦啦地澆，心裡想著：「植物回應我的辛勤了耶。」

只是，太多的水可能會讓盆內環境失去平衡，水分太多容易滋生病菌，土壤更可能會陷入缺氧狀態，如此一來，植物的根部無法從土中吸收氧，就會變得奄奄一息……。這樣的狀況要是持續下去，最後心愛的植物可能會從根部腐爛、遭遇病蟲害，甚至停止生長。

澆過量的水還會引起另一個問題：土壤中的養分被水沖刷並流失；可說是百害而無一利。栽培就跟教小孩一樣，管教要適度！

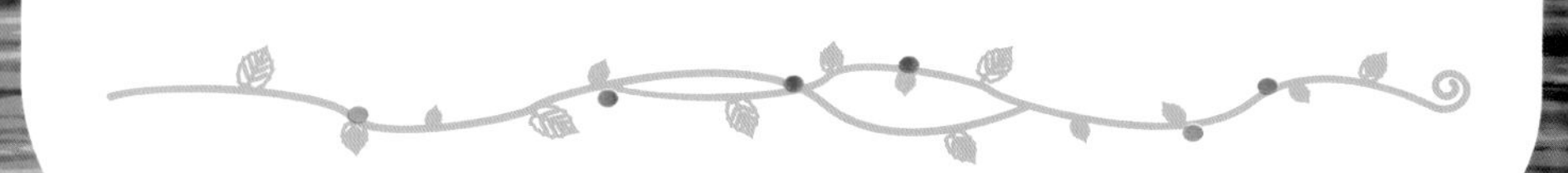

土表乾燥時
用噴水器噴到濕潤即可

以自然栽培法栽種蘋果的果農木村秋則先生認為，理想的種法是不施肥，提供作物的水分要盡量減到最少，如此作物會在求生本能作用下奮力伸展根部，所以少澆點水反而能種出根部緊紮的健康植株，連蟲害都會跟著少了呢。

其實土壤中含有的水分遠比我們想像得多，澆水時只要用噴水器把土壤表面噴濕就足夠了，尤其種番茄時，幾乎可以完全不用澆水。

日照不足該怎麼彌補？

　　住在公寓或大樓這樣密集的住宅區，不論房子採光再怎麼好，都鮮少有3面採光的優越條件。有面南的窗戶當然是最理想的，但要是窗戶開在東、西兩面，那麼爭取日照的時間就要多花點心力了。書中第52頁「日照」篇有提過，果實類作物的每日日照時間要在4小時以上，葉菜類作物則可以少一點。當房屋的日照條件明顯低於標準時，可以採用以下方法補救。

入夜後把植物移到燈光下
用室內照明代替陽光

室內栽培在碰到日照過短的情形時，最快的解決方法就是購買能提高光合作用的專用燈，好彌補日照的不足，只是所費不貲，並非所有人都願意在興趣上投資大筆經費。在不花大錢的前提下，還有下面的做法。

植物的光合作用在電燈泡、日光燈、LED 燈的燈光下都能進行，因此可以在入夜後把植物移到燈光下，提供植物人造光源，直到就寢熄燈為止。隔天早上起床後，記得把植物再放回窗邊，接受陽光的照射！

如何防治蟲害？

房子裡有害蟲真的很令人困擾，讀到這裡大家應該都已經明白，以「不施肥」、「少澆水」的手段就能有效預防蟲害；另外，葉子過於茂密導致通風不良也容易招來昆蟲，因此平時就要多留意植物葉片的生長情形，葉菜類作物應適時給予「間拔」 處理，果實類作物的整枝理葉功夫也一樣是不能少的。

話說回來，從定植到土壤安定前的這段期間，作物還是很容易招來昆蟲，該怎麼辦呢？有沒有什麼方法可以事先防止昆蟲接近？

利用木醋液、醋、辣椒等天然植物的精華來驅除害蟲

一旦5月到了，氣溫緩緩回升，靜靜長在屋內的植物葉片上就會出現一隻又一隻的昆蟲。蟲害在這個階段只要用水彩筆刷到紙上，或用小鑷子夾走就沒問題（有人會用膠帶把蟲黏掉）。

在天氣更溫暖時的某一天，我赫然發現整株青椒爬滿蚜蟲和粉蝨，密密麻麻的從莖、葉到嬌柔的小白花都無一倖免，看得我差點沒暈過去……。

事後我才知道，就是自己水澆太多才招來這種慘劇，而且為時已晚，昆蟲的繁殖力強得驚人，聽人說蚜蟲可以用水沖掉，我就用噴水器把牠們噴得一乾二淨，不料2、3天後竟捲土重來。

青椒花朵上的蚜蟲

甜菜嫩葉上的蚜蟲

青椒葉片上的粉蝨

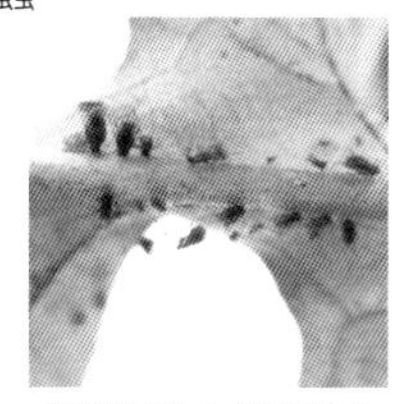
芝麻菜上的蚜蟲

昆蟲雖然惱人，但是在屋子裡種菜，農藥還是能免則免，畢竟這些蔬果可是要採來加菜的呀，一切都要安全至上！當有這樣的需求時，就要用木醋液來滿足（製碳過程中蒸餾出來的液體）。木醋液原則上應該在蟲害發生前使用，但昆蟲出現後，濃度高一點的木醋液還是能發揮一定的驅蟲功效。

對付蚜蟲特別推薦煮薰衣草水，把煮好的薰衣草水裝進噴水器就能使用了，加了辣椒粉的燒酒也能發揮異曲同工之妙。

如果真的討厭跟昆蟲對抗，就只好選擇不易招引昆蟲的作物來種，或捨春播採秋播。

以天然植物精華取代農藥

木醋液 ◆預防蟲害用：將木醋原液稀釋 1000 倍，3 天噴灑一次。
驅除害蟲用：將稀釋 300 倍的木醋原液噴在作物上。

薰衣草 ◆驅逐蚜蟲用：把煮好的薰衣草水（濃度要比飲用時高）噴灑在作物上。

加了辣椒的燒酒 ◆預防、驅除害蟲用：把辣椒泡在燒酒中，酒量約為辣椒的 3 倍，常溫下浸泡 2 週後即可使用（偶爾搖晃瓶身）。

煮過的辣椒水 ◆預防、驅除害蟲用：將 5 根辣椒與 2 公升的水放在鍋中煮沸，降溫後即可使用。

醋 ◆預防害蟲用：稀釋 20 倍的醋可用來噴灑作物，防止昆蟲來襲。

作者

吉度日央里（Yoshido Hiwori）

有機作家，以著書、編書、製作DVD、講座活動為主，她還是「自然長壽飲食法」的講師，為「自然長壽飲食法野餐」主辦人，並在2007年主持「播種大作戰」活動（官方網站：http://www.tanemaki.jp/），藉此推廣農業。著作有《播種大作戰：感受土地與生命的生活》。

她曾任職出版社，參與編輯的書籍有：《長壽望診法：美女食譜》（山村慎一郎著）、《發酵道》（寺田啟佐著）、《激發身體自癒力的生活方式》（大森一慧著）、《月亮週期減肥法》（岡部賢二著）、《每日自然長壽飲食：南屋女士的便當》（南屋著）等；企劃製作的書籍有：《半農半×的生活》、《從土地到和平》（以上為鹽見直紀與「播種大作戰」共同編著）、《讓土地開出生命之花》（加藤登紀子著）。

本書參考書籍

《這一生，至少當一次傻瓜―木村阿公的奇蹟蘋果》，作者：石川拓治

《循環農法》，作者：赤峰勝人著

《小容器＋種子天天嫩鮮蔬》作者：深町貴子

攝影　蔬果栽培：松澤亞希子、吉度日央里

內頁插畫：ツグヲ　ホン多

協助攝影：二瓶祥世

協助取材：木村秋則（自然栽培蘋果農）

中村訓（「光鄉城畑懷」創辦人）

國家圖書館出版品預行編目 (CIP) 資料

超簡單！無陽台室內小菜園：馬上就能播種的居家自種蔬菜法 / 吉度日央里著；葉亞璇譯 . -- 初版 . -- 臺北市：寫出版：大雁文化發行，2013.10
面；　公分 . -- (be-Brilliant! 書系；HB0009)
譯自：かんたん！部屋で野菜をつくる
ISBN 978-986-6316-87-6(平裝)

1. 蔬菜 2. 栽培　　435.2　　102017877

歡迎光臨大雁出版基地官網
www.andbooks.com.tw
訂閱電子報並填寫回函卡訂閱電子報並填寫回函卡

超簡單！無陽台室內小菜園：
馬上就能播種的居家自種蔬菜法
かんたん！ 部屋で野菜をつくる

大寫出版 be-Brilliant! 書系 HB0009

原　著　者◎　吉度日央里
譯　　　者◎　葉亞璇
美 術 設 計◎　洪祥閔、黃筑歆
行 銷 企 畫◎　郭其彬、夏瑩芳、王綬晨、邱紹溢、陳詩婷、張瓊瑜
大寫出版編輯室◎　鄭俊平、夏于翔
發　行　人◎　蘇拾平

出版者／大寫出版社 Briefing Press
台北市復興北路 333 號 11 樓之 4
電話：（02）27182001 傳真：（02）27181258
發行：大雁文化事業股份有限公司
台北市復興北路 333 號 11 樓之 4
24 小時傳真服務（02）27181258
讀者服務信箱 E-mail: andbooks@andbooks.com.tw
劃撥帳號：19983379
戶名：大雁文化事業股份有限公司

香港發行
大雁 (香港) 出版基地 ・ 里人文化
地址：香港荃灣橫龍街 78 號正好工業大廈 22 樓 A 室
電話：852-24192288　傳真：852-24191887
Email：anyone@biznetvigator.com
初版一刷 ◎ 2013 年 10 月
定價◎ 280 元 ISBN 978-986-6316-87-6